《花生单粒精播超高产栽培技术设计与实践》

著者名单

主　著　万书波　张佳蕾

著　者　郭　峰　陶寿祥

　　　　李新国　张智猛

花生单粒精播超高产栽培技术设计与实践

万书波　张佳蕾　等 著

中国农业科学技术出版社

图书在版编目（CIP）数据

花生单粒精播超高产栽培技术设计与实践 / 万书波等著. —北京：中国农业科学技术出版社，2020. 8

ISBN 978-7-5116-4955-3

Ⅰ. ①花… Ⅱ. ①万… Ⅲ. ①花生—高产栽培 Ⅳ. ①S565.2

中国版本图书馆 CIP 数据核字（2020）第 156595 号

责任编辑　白姗姗
责任校对　贾海霞
出 版 者　中国农业科学技术出版社
　　　　　北京市中关村南大街12号　邮编：100081
电　　话　（010）82106638（编辑室）（010）82109702（发行部）
　　　　　（010）82109709（读者服务部）
传　　真　（010）82106650
网　　址　http: // www.castp.cn
经 销 者　各地新华书店
印 刷 者　北京地大天成文化发展有限公司
开　　本　710mm × 1 000mm　1/16
印　　张　9.25
字　　数　120千字
版　　次　2020年8月第1版　2020年8月第1次印刷
定　　价　49.80元

前 言

PREFACE

花生是我国重要的油料、经济和出口创汇作物。2018年，全国花生年种植面积4 619.66khm^2，荚果总产1 733.20万t，折合荚果单产250.12kg/亩（3 571.79kg/hm^2）。

长期以来，传统花生种植为防止缺苗断垄，一般采取每穴2粒、3粒或多粒的种植方式。孙彦浩先生经过多年实践得出结论“创高产必须穴播双粒”，但双粒穴播高产攻关从未突破单产11 250kg/hm^2。主要原因是穴播2粒或多粒，同穴多株生态位重叠，地下部根系交错竞争肥水资源，地上部叶片遮挡竞争光热资源，极易出现大小苗，限制花生产量进一步提高。

为了进一步探讨花生高产潜力，我们改花生传统的一穴双粒为单粒精播的种植模式，在山东省农业科学院组建了花生单粒精播超高产栽培研究团队。自2013年以来，在山东莒南、平度、莱西、莱州、招远、莱阳、宁阳、冠县及新疆玛纳斯、石河子等多地进行了花生单粒精播超高产生育规律及配套技术的创新试验与示范，连续3年实收突破单产荚果750kg/亩的产量指标。其中，2015年山东平度市古岘镇实收单产荚果达到782.6kg/亩

（11 739kg/hm^2），创造了国内外花生单产最高纪录。研究应用花生单粒精播高产栽培技术，为丰富和完善我国花生高产理论和技术，提高花生单产和总产具有重要意义。

在2013—2019年的七年中，我们积累了较多的创建花生单粒精播超高产的文字和图片资料。本书分花生生物学特性及单粒精播超高产机理、花生单粒精播超高产技术设计与实施和花生单粒精播超高产实施效果三章介绍相关成果资料，敬请参阅和指正。

在研究过程中，先后得到了国家科技支撑计划项目（2014BAD11B04）、国家重点研发计划项目（2018YFD1000900）、国家花生产业技术体系建设专项（CARS-13）、山东省重大科技创新工程项目（2019JZZY010702）和山东省农业农村专家顾问团等项目的资助。团队成员张正、赵红军、赵海军、王建国、唐朝辉、杨莎、孟静静、耿耘，以及莒南县农业农村局杨佃卿、贾忠金、新疆农业科学院李利民等做了较多的工作，在此一并致谢。

著　者

2020年7月22日

2020年7月2日，山东省委书记刘家义给团队首席科学家万书波研究员授山东省科技最高奖

花生单粒精播超高产田间长势

目　录

CONTENTS

目 录

第一章

花生生物学特性及单粒精播超高产机理

花生是地上开花下果针、地下结荚果的作物，是高产、优质和高效的油料作物。完整的花生植株主要由营养体根、主茎（主枝）、分枝、叶、生殖体花、果针和荚果7个部分组成的（图1-1、图1-2）。

图1-1 花生地上开花下果针、地下结荚果

图1-2 花生植株示意图

一、花生营养体

（一）根

花生根为直根系，由一条主根和多条次生侧根组成。主根由胚根发育而成，主根上长出的侧根为一级侧根，一级侧根长出的侧根为二级侧根，依次类推。四列一级侧根在主根上呈“十”字形状排列，侧根为二元或三元型。另外，在侧枝基部和胚轴上也可产生不定根。

花生种子发芽后，首先突破种皮，垂直向下生长，深入土中的是花生主根。出苗时主根长19～40cm，侧根40多条。开花时，主根达到60cm长，侧根100～150条。侧根水平生长达到

45cm时，垂直向地下生长。花生主根长60～90cm，最长能达到2m。30cm土层内的根系，占全部根系的70%。根系水平生长，匍匐型品种能达到80～115cm，直立型品种能达到50cm。

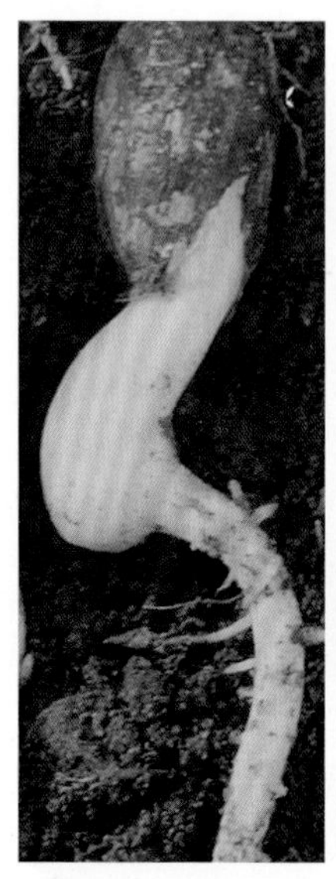

图1-3　出苗前

图1-4　出苗后

花生根与茎部交界处称为胚轴，也叫胚茎或根颈。当种子发芽后，胚轴向上伸长，将子叶顶出地面。播种质量和深浅直接影响着胚轴生长和花生出苗。种子倒置，胚轴会弯曲生长，影响花生出土。播种过深，胚轴细长，消耗的养分过多，不利于幼苗和根系的生长。播种过浅，胚轴短，幼苗易落干死亡。花生播深3～4cm，使根颈达到3cm最好。

花生在未出苗前，根颈和胚根伸长。当花生出苗后，花生根逐渐形成，开始迅速生长。到花生开花下针期后，根就能形成庞大的根系，吸收土壤中的水分和养料，供给花生生长发育（图1-3至图1-5）。

图1-5　开花后

根在土壤全土层中，可分耕作层、心土层和底土层。耕作层分为结实层和主根层，心土层为须根层，底土层为深根层（图1-6、图1-7）。

图1-6　花生根在土壤的分布

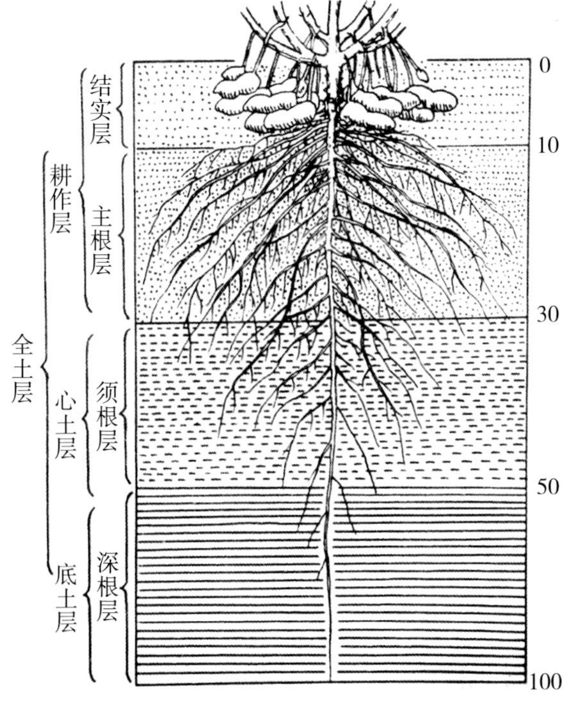

图1-7　花生根的构造与分布示意图（单位：cm）

花生是豆科作物，根能生成根瘤，具有固氮作用。花生需要的氮素约60%由根瘤供给。花生根瘤菌能与豇豆、绿豆、小豆等豆科作物共生。花生根瘤近圆形，直径1～5mm。主茎上长出4～5片真叶时，在主根的上部、侧根上和胚根上形成根瘤。主根上部的根瘤大，固氮能力强（图1-8、图1-9）。

图1-8　花生根

图1-9　花生根瘤

沙质壤土，土质疏松，通气良好，有利于根系发育和根瘤形成。土壤水分以最大持水量的50%～60%为宜，若低于40%，根系生长缓慢，根瘤形成少；若持水量达到80%，则根系分布浅。

花生需要的营养元素绝大多数是通过根系吸收的。分配顺序是，首先运送到茎叶中，然后再运送到果针、荚果中。同列侧根吸收的养分，优先和多数供给同侧侧枝，运往相反方向侧枝的数量很少。根系吸收的磷素，多数供给了根瘤菌的繁殖。吸收的钙素，除本身需要外，大部分输送到茎叶中。

（二）茎

1.主茎

花生主茎（或称主枝）直立，幼时横截面为圆形，中部有髓，生育中后期下部木质化，中上部呈棱角状，髓部中空，茎上有白色茸毛。主茎色为绿色，老熟后为褐色，有些品种有花青素，呈现部分红色。

花生主茎15～25节，北方春播中熟大花生20节，夏播18节。基部第一节间长1～2cm，第二至第四、第五节间极短，以后的节间逐渐伸长，上部节间又明显变短。

花生主茎高度（从子叶节到主茎生长点的距离）一般为15～75cm，以40～50cm为适度。主茎超过50cm，生长过旺，群体过大，极易倒伏；主茎不足30cm，植株营养体生长不良，长势弱。500 kg/亩*荚果的花生高产田，主茎高度40～50cm（图1-10、图1-11）。

长日照能促进花生主茎的生长。长期弱光能增加花生主茎节间长度和主茎高度，抑制侧枝发育，使主茎和侧枝长度比例失调，形成“高脚苗”。如花生与高秆作物间套作时，易发生“高

* 1亩≈667m^2，1hm^2=15亩。全书同

脚苗”。应注意间作的行数和套作时间。温度超过31℃或低于15℃时，花生主茎停止生长；温度降到23℃以下，生长较慢；温度在26℃时生长最快。

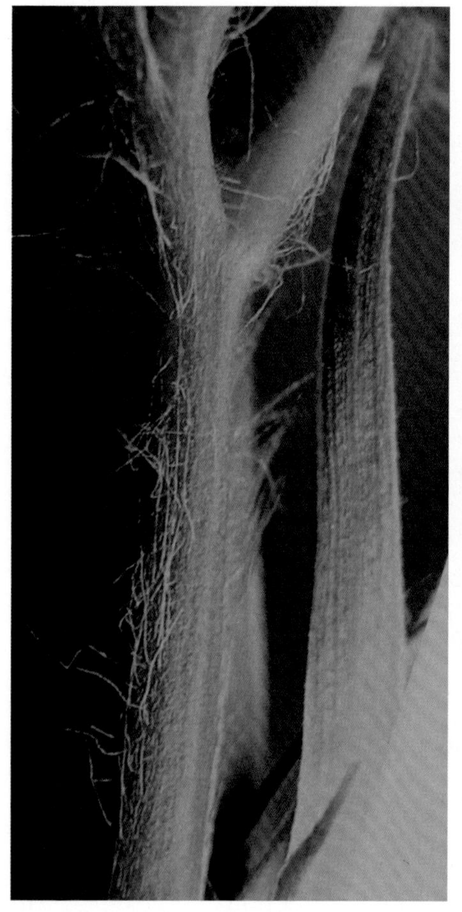

图1-10　主茎

图1-11　主茎高度

2.分枝

花生是多次分枝作物。主茎上长出的分枝称为第一次分枝，第一次分枝上生长的分枝称为第二次分枝，依次类推。第一次分枝的第一、第二个分枝是由子叶节上长出，为对生，称为第一对侧枝。第三、第四个侧枝着生节间很短，好似对生，为第二对侧枝。主茎上生出四条侧枝后，叫团棵期。第一、第二对侧枝花生开花结荚占结荚总数的70%～90%。500kg/亩荚果花生高产田单株分枝数10～15条（图1-12、图1-13）。

图1-12 花生茎枝

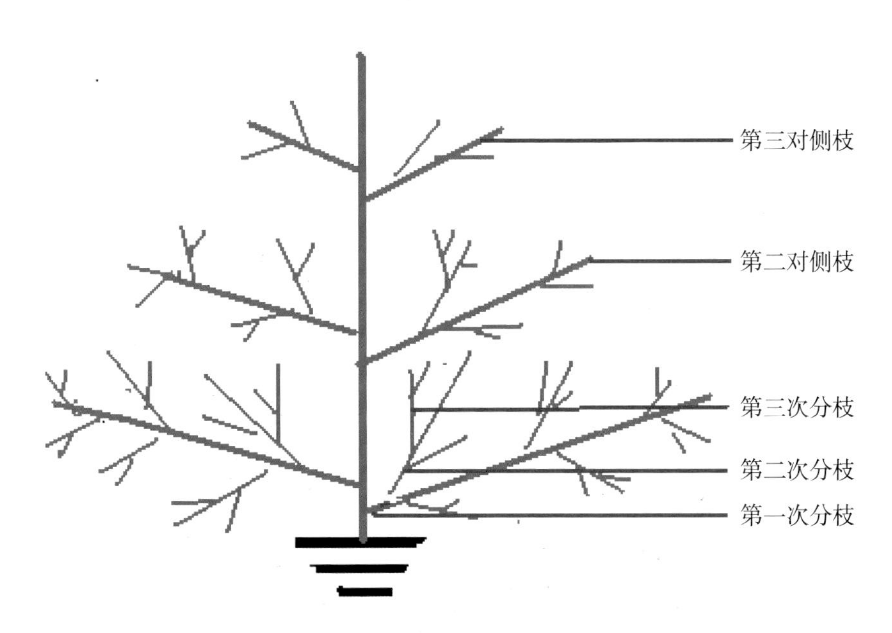

图1-13 花生分枝示意图

花生分枝有两种类型：一是植株发生分枝两次以上，分枝多于15条的为密枝型，如鲁花14号等；二是植株发生二次分枝，总分枝不超过10条的为疏枝型，如白沙1016等。根据花生侧枝生长形态、主茎与侧枝长短比例和其所成角度分为蔓生型、半立蔓型和立蔓型3种株型（图1-14至图1-16）。

图1-14　蔓生型

图1-15　半立蔓型

图1-16　立蔓型

茎枝主要作用是起输导和支持作用，是联系根、叶，输送水、无机盐和有机养料的主要结构，能把根部吸收的水分和无机盐输送到各部分，把叶片光合作用的产物也输送到植物体的各部分。

（三）叶

花生叶分完全叶（即真叶）和变态叶两类。每一枝条第一、第二、第三节生长的叶都是变态叶，称“苞叶”或“鳞叶”（图1-17）。花序生有桃形苞叶，花的茎部有一片二叉状苞叶。

图1-17 变态叶

花生真叶为4小叶羽状复叶，包括托叶、叶枕、叶柄、叶轴和小叶等部分（图1-18）。小叶对生，叶柄极短，边缘生有茸毛，叶面光滑，羽状网脉，叶背面主脉突起，生有茸毛。小叶形状有椭圆、长椭圆、倒卵、宽倒卵4种。叶色有黄绿色、淡绿色、绿色、深绿色和暗绿色等。叶片大小以主脉长度表示，一般2～8cm。普通型品种倒卵形，绿色或深绿色，大小中等。龙生型品种

图1-18 真叶

倒卵形，灰绿色，有大有小。珍珠豆型和多粒型品种椭圆形，颜色较浅，小叶片较大。主茎中部的小叶具有品种固有的性状。复叶叶柄长2～10cm，生有茸毛，叶柄上有纵沟。基部膨大为叶枕。叶柄基部有两片窄长的托叶，2/3与叶柄相连（图1-19、图1-20）。

图1-19　长椭圆形叶

图1-20　倒卵形叶

花生真叶生长过程：幼苗出土后，两片真叶首先展开，当主茎第三片真叶展开时，第一对侧枝上的第一片叶同时展开，以后主茎每长一片叶时，第一对侧枝也同时长出一片叶，叶片展开后就停止伸长（图1-21）。

图1-21 主茎展开三片真叶

花生叶是光合作用制造有机养分和蒸腾作用的重要器官，并具有吸收叶面肥的功能。花生叶片夜间或阴天自行闭合，次晨或晴天又重新张开，这种“昼开夜合”的生物特性，称感夜运动或睡眠运动（图1-22、图1-23）。花生叶片正面随太阳辐射角的变化而变化，这种现象称为向阳运动。

图1-22　白天叶片张开

图1-23　晚上叶片闭合

花生的光合性能与产量有密切的关系，产量高低取决于花生的光合面积、光合能力、光合时间、光合产物消耗和光合产物分配利用5个方面。据国内专家从光能利用的角度对花生的高产潜力进行的估算表明，珍珠豆型的小花生荚果产量可达到791.7kg/亩，中晚熟大花生荚果产量可达到1 151.66kg/亩。所以，花生是喜光、喜温的高光效作物，具有高产、稳产和超高产的生物学特性（图1-24）。

图1-24 花生光合效率测定

二、花生生殖体

（一）花

花生的花是两性完全花，生长在主茎或侧枝叶腋间的花梗上。花生花由苞叶、花萼、花冠、雄蕊和雌蕊五部分组成。

1. 苞叶

苞叶绿色，分外苞叶和内苞叶。外苞叶较短，桃形，生长在花序轴上，包围在花的外面，内苞叶较长，前端有二分叉。

2. 花萼

花萼位于内苞叶之内，下部联合成一个细长花萼管，花萼管多呈黄绿色，外有茸毛，长约3cm。花萼管上端为5枚萼片，萼片呈浅绿色、深绿色或紫绿色。

3. 花冠

花冠蝶形，从外到内为1片旗瓣、2片翼瓣和2片龙骨瓣，为橙色、深黄色或浅黄色，旗瓣最大，具有红色纵纹，翼瓣位于旗瓣内龙骨瓣的两侧，龙骨瓣2片愈合在一起。

4. 雄蕊

雄蕊有雄蕊管，花蕊包在2片龙骨瓣内，每朵花有雄蕊10枚，其中，2枚退化，只有8枚；少数品种退化1枚，具有9枚；还有少数品种不退化，具有雄蕊10枚。雄蕊通常4长4短，相间而生。4个花丝长的雄蕊为长花药，花药较大，长椭圆形，成熟较早，先散粉；4个花丝较短的雄蕊为短花药，花药圆形，发育较慢，散粉晚，散粉前形成单室。

5. 雌蕊

雌蕊位于花的中央，由子房、花柱和柱头组成。花柱从雄蕊管内伸出，柱头长有很多茸毛，顶端略膨大为小球形。子房位于花萼管和雄蕊管基部，基部有子房柄，在开花授粉后，子房柄伸长，把子房推入土中（图1-25至图1-27）。

图1-25 花的外部

图1-26 花的内部

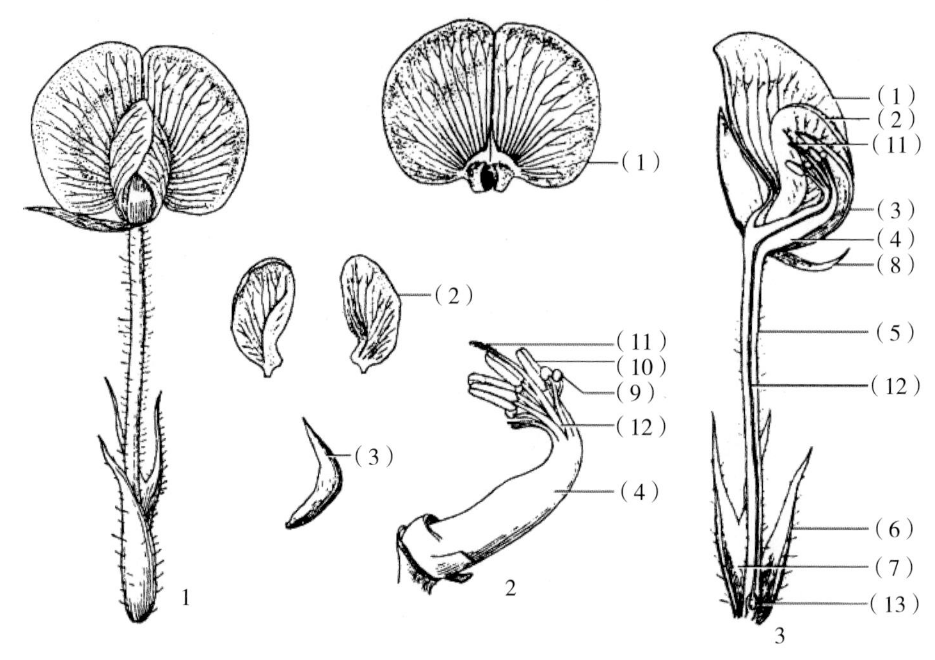

1. 花的外观；2. 雄蕊管及雌蕊的柱头；3. 花的纵切面

（1）旗瓣；（2）翼瓣；（3）龙骨瓣；（4）雄蕊管；（5）花萼管；（6）外苞叶；（7）内苞叶；（8）萼片；（9）圆花药；（10）长花药；（11）柱头；（12）花柱；（13）子房

图1-27　花生花结构示意图（中国花生栽培学，2003）

花生开花分为两类：一是连续开花型，即主茎开花，侧枝不论是否再分枝，每个节上都能开花；二是交替开花型，一般主茎不开花，侧枝的第一、第二节分枝，第三、第四节开花，第五、第六节再分枝，第七、第八节开花，分枝与花序交替出现。花生开花为前一天16时，花朵明显增大，傍晚花瓣开始膨大，撑开萼片，微露出黄色花瓣，直到夜间，花萼管迅速伸长，花柱也同时伸长，次日凌晨开放。开花时间在5—7时，6月的5时30分，7—8月的6时，9月及阴雨天开花时间延迟。开花授粉后，当天下午花瓣萎蔫，花萼管逐渐干枯。花生开花期较长，为50～90天，单株花量

50～300朵（图1-28、图1-29）。

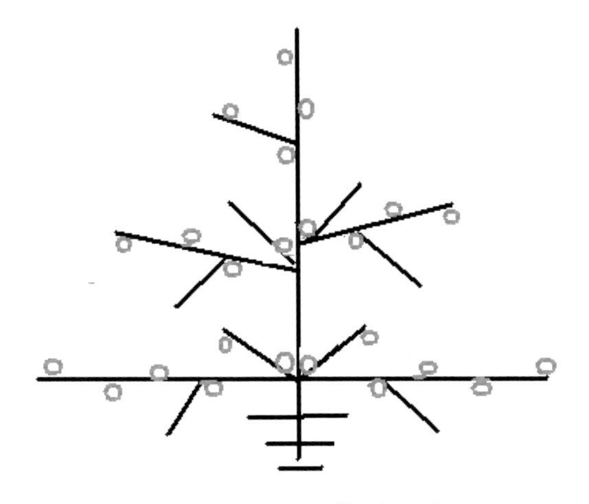

图1-28 连续开花型示意图

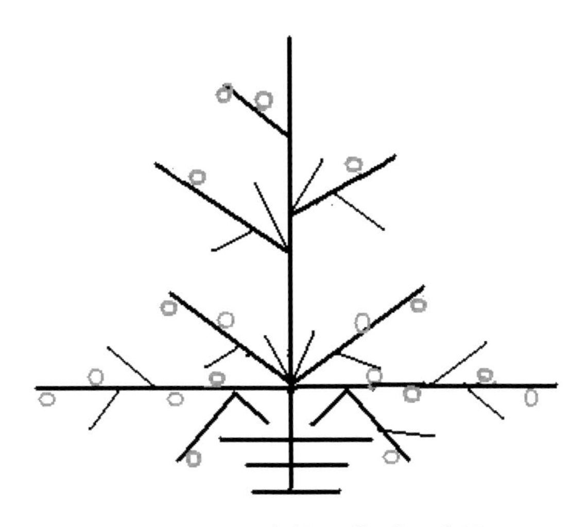

图1-29 交替开花型示意图

（二）果针

花生开花受精后3～6天，形成肉眼可见的果针（子房柄和子房）。花生果针是联系荚果和花生植株的纽带，荚果发育的养分、水分通过果针运输。果针表皮生有毛皮层，最外层含有叶绿体。果针入土后，可吸收养分和水分。它具有向地下生长的习性，最初略呈水平，不久便弯曲向下生长和入土，达到一定的深度后，停止伸长，子房开始膨大。基部果针经4～6天入土，高节位果针入土约需10天。果针伸长10cm以后，速度减慢，入土结荚能力降低，若不入土就停止生长。植株基部节间短，开花早，距地面近，果针大多数能入土结实；上部开花晚，距地面远，果针往往不能入土。珍珠豆型品种入土较浅为3～5cm，普通型品种入土较深为4～7cm，龙生形品种可达7～10cm。沙土地入土较深，黏性土入土较浅（图1-30）。

图1-30　果针生长

（三）荚果

花生果针入土后停止生长，子房开始膨大，荚果开始发育。

从果针入土到荚果成熟，早熟小粒品种需要50～60天，大粒品种需要60～70天。从子房开始膨大到荚果成熟，分为两个阶段：一是荚果膨大阶段。此期在果针入土后20～30天，荚果体积的急剧增大形成定型果。定型果壳木质化程度低，果壳网纹不明显，表面光滑、黄白色。荚果幼嫩多汁，含水量80%～90%，籽仁刚开始形成。二是充实阶段。此期需要30天，主要是籽仁充实。果壳干重、含水量、可溶性糖含量逐渐下降，种子的油脂、蛋白质含量、油酸含量不断增加，油酸与亚油酸的比值逐渐提高，游离脂肪酸、亚油酸、游离氨基酸含量不断下降。此期，果壳变薄变硬，网纹明显清晰，籽仁体积不再增加，种皮变薄，荚果成熟。花生单粒精播超高产田，单株结果数达到15～50个，最高可达100个左右（图1-31至图1-33）。

图1-31　荚果发育成熟

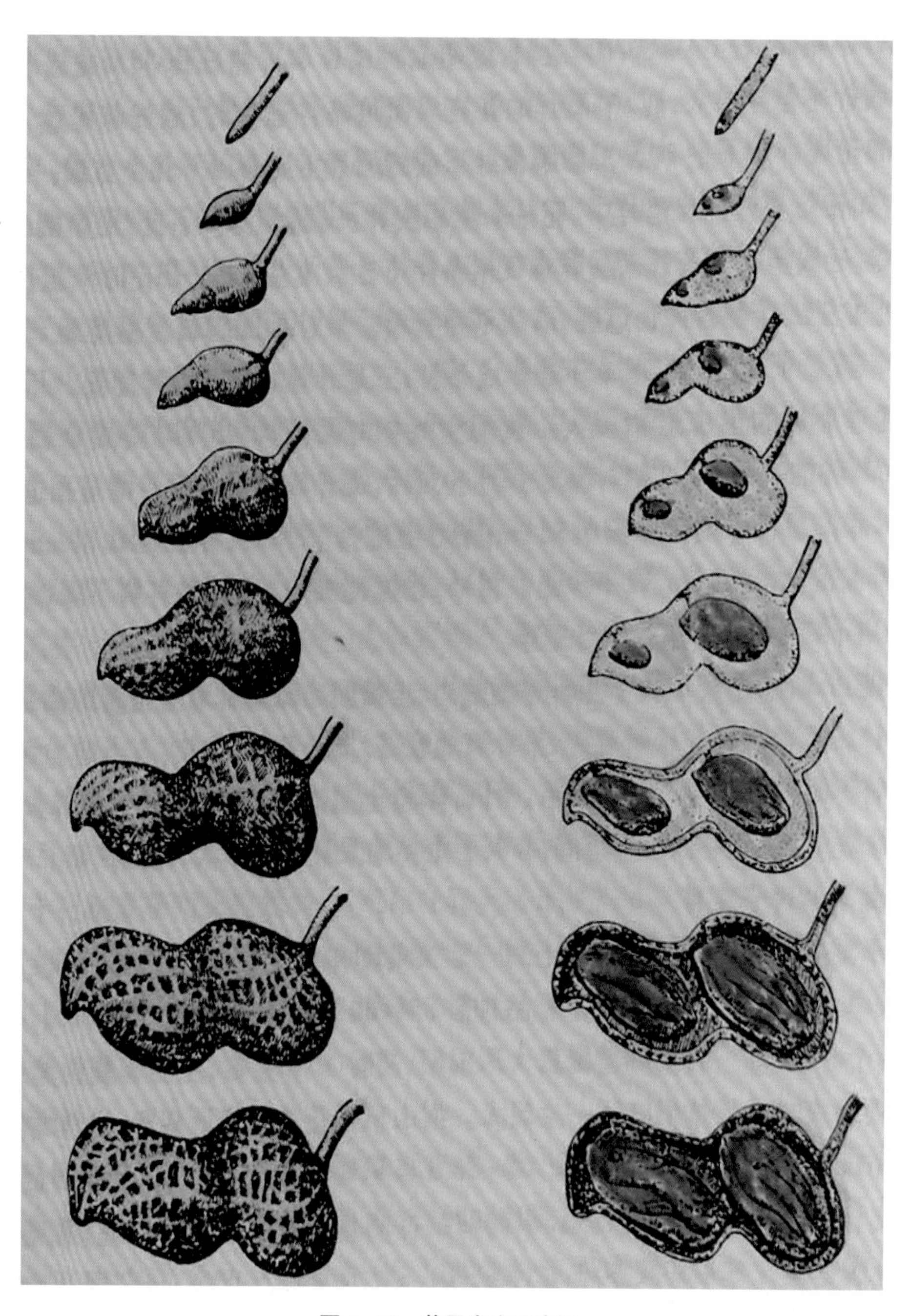

图 1-32　荚果发育示意图

图1-33　超高产田单株结果53个

（四）种子

花生种子由种皮和胚组成，胚由子叶、胚芽、胚轴和胚根四部分组成（图1-34、图1-35）。

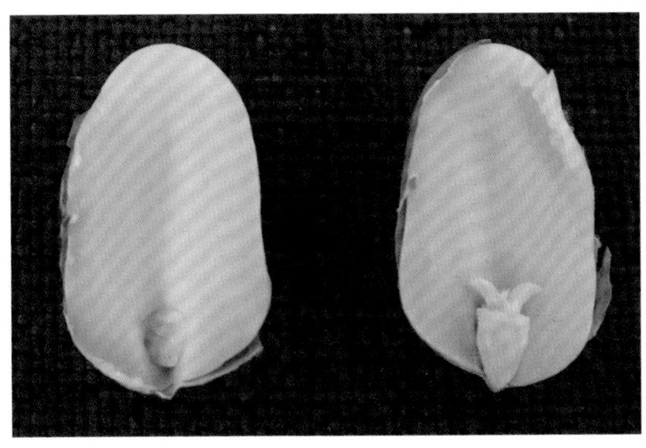

图1-34　种胚

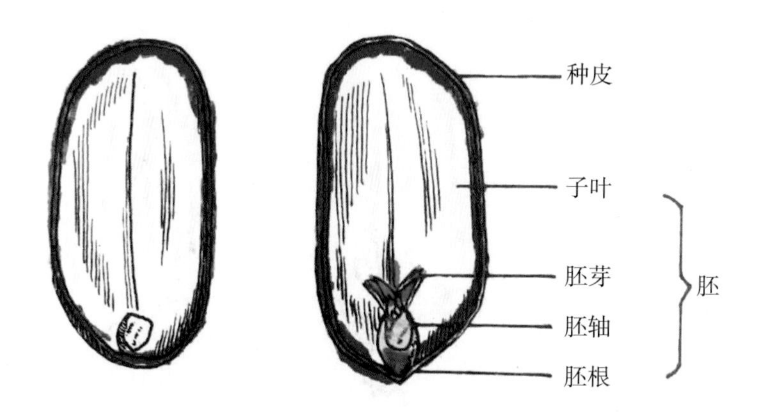

图1-35　种子构造示意图

在荚果发育的同时，种子幼胚也随着发育成熟。荚果包括果壳和种子（上为前室、下为后室），种子的左前方白痕处为种脐，与果壳相联结，输送营养充实种子。花生荚果的性状有普通形、蚕茧形、葫芦形、斧头形、蜂腰形、曲棍形和串珠形（图1-36、图1-37）。

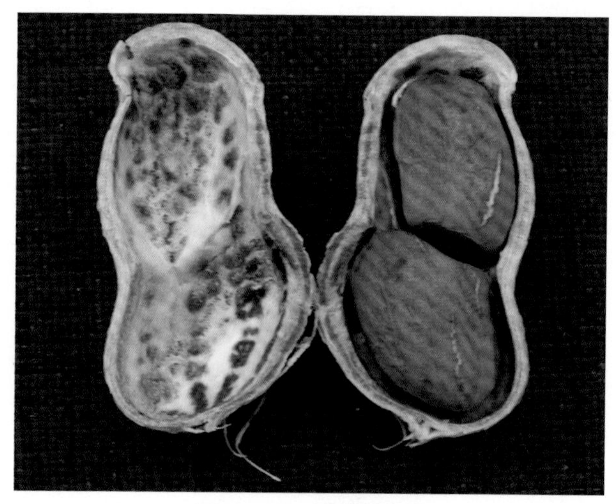

图1-36　成熟荚果

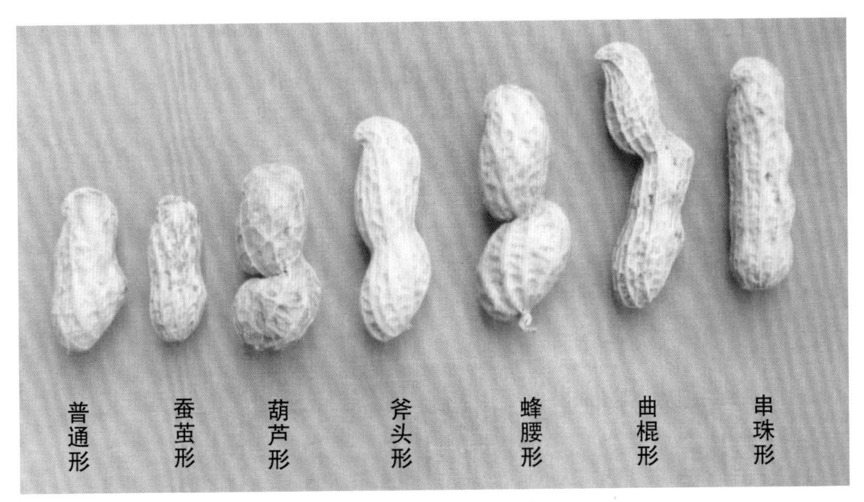

图1-37 荚果形状

种仁颜色有黑色、紫色、浅红色、粉红色、白红两色、橙色、浅黄色和白色等。种子的形状有圆锥形、椭圆形、三角形、桃形和圆柱形（图1-38、图1-39）。

图1-38 种仁颜色

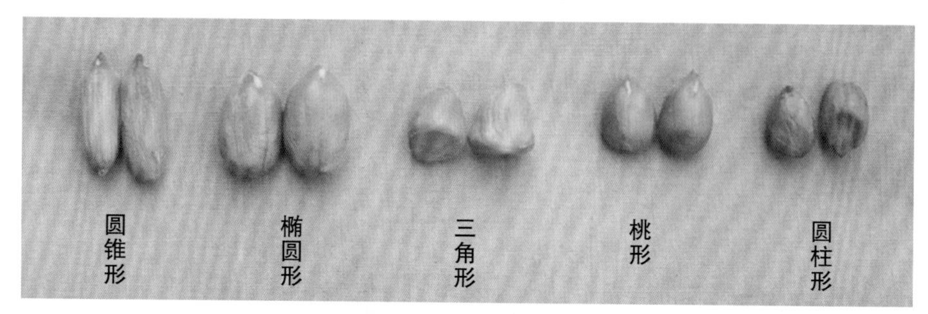

图1-39　种子形状

荚果可分为双饱果、单饱果、双秕果、单秕果和幼果（图1-40至图1-44）。

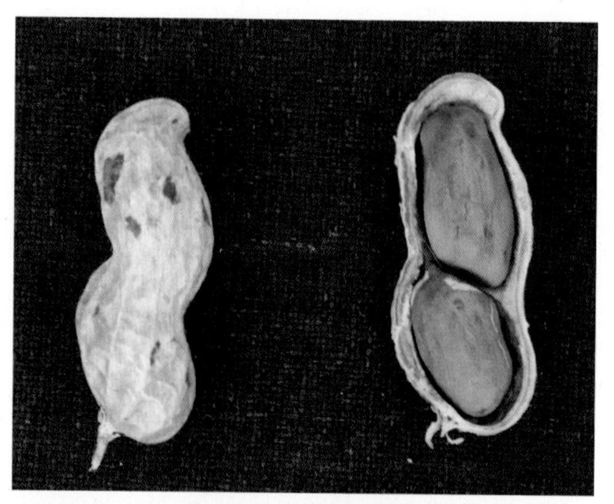
图1-40　双饱果

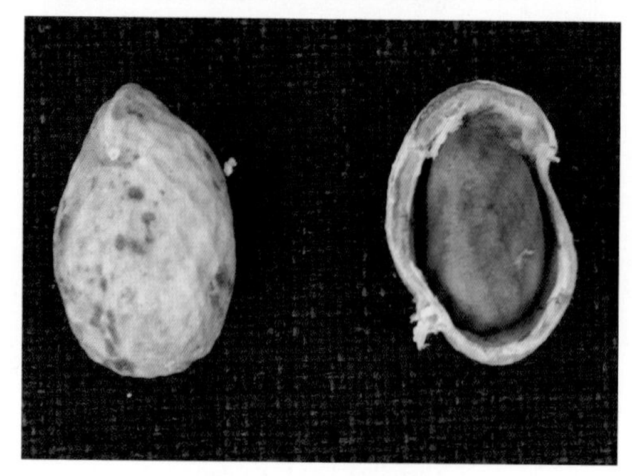
图1-41　单饱果

图1-42 双秕果

图1-43 单秕果

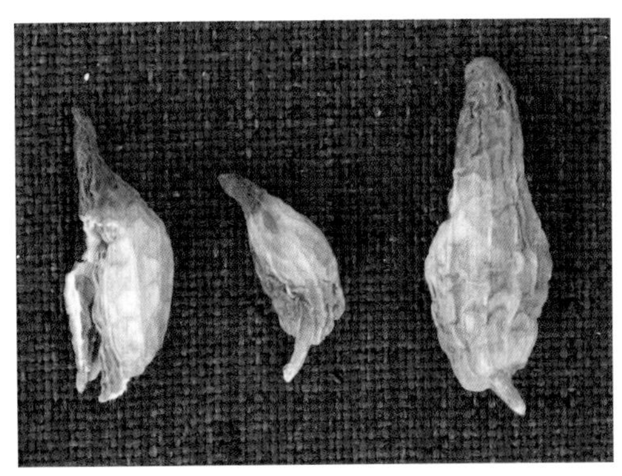

图1-44 幼果

花生荚果还可分为中晚熟普通型大果品种和早熟珍珠豆型小果品种两种（图1-45至图1-48）。

图1-45　普通型大果

图1-46　普通大果米

图1-47　珍珠豆型果

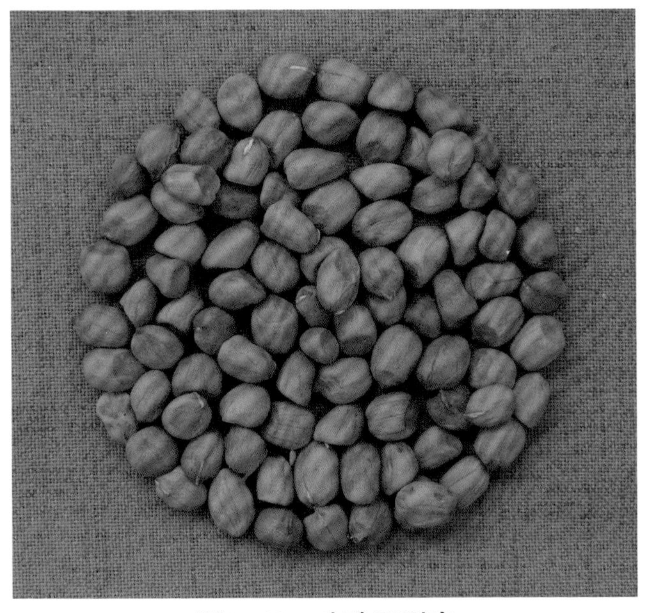

图1-48　珍珠豆型米

三、单粒精播超高产机理

竞争排斥原理在植物上表现为，凑在一起的植株必定会竞争有限的光、热、肥、水资源，导致生长发育不一致。在环境水分胁迫或营养胁迫下，植物根系间的地下竞争与地上竞争同样重要。前人研究表明，塑造理想株型、优化产量构成是提高作物产量的有效途径。优良的群体结构，不仅要求在单位面积上有足够的个体，而且要求个体在田间分布合理，发育整齐一致，最大限度地吸收利用自然资源。花生产量与植株整齐度呈高度正相关关系，种子质量差异和栽培因素导致的田间出苗延迟是个体间产生差异的重要原因之一。

传统生产上花生每穴双粒或多粒种植，一穴双株或多株之间过窄的植株间距及较大的种植密度容易造成植株间竞争加剧，大小苗现象突出，群体质量较差，加之高肥水条件下易徒长倒伏，影响花生产量的提高。为保证花生在较大密度前提下，减轻株间竞争，最大限度发挥单株潜力，改善群体质量，应扩大株距，保证结实范围不重叠，根系尽量不交叉。山东省农业科学院花生栽培与生理生态创新团队创新性引入竞争排斥原理，提出“单粒精播、健壮个体、优化群体”的技术思路，创建出单粒精播高产栽培技术。团队对单粒精播超高产花生的植株性状、生理特性、群体质量及产量构成等进行了全面系统的研究，系统地阐明了单粒精播超高产的机理。

（一）单粒精播对花生个体发育的影响

1. 单粒精播对花生根系生长的影响

单粒精播（S1：19.5万穴/hm^2；S2：22.5万穴/hm^2）单株根系总

长度、总体积和吸收总面积显著高于双粒穴播（CK：15万穴/hm^2），根系平均直径小于后者，单粒精播在很大程度上促进了花生根系的形态建成。单粒精播根系干物质积累速率在开花60天之后降为负值，根系生长量开始小于死亡量，比双粒穴播降为负值的时间有所延后，表明单粒精播有利于花生在苗期和结荚初期健壮根系的形成，促进植株地上部冠层的生长，保证叶片较高的干物质合成能力，从而在结荚中后期又能够减缓根系干重的下降速度，避免根系早衰的发生。

2. 单粒精播对花生植株性状的影响

沈毓骏等研究表明，花生第一对侧枝基部10cm内节数和单株产量呈显著正相关，单粒穴播苗期株间相互影响小，植株基部见光充分，细胞伸长量小，节间缩短，基部10cm内的节数增加，利于形成矮化壮苗；减粒增穴单株密植的主茎及侧枝均趋矮化，分枝数及第一对侧枝基部10cm内的节数增多，利于塑造丰产株型。在超高产条件下，花生单粒精播生育前期的主茎高、侧枝长、主茎节数、主茎绿叶数、分枝数、根冠比和叶面积系数均显著高于双粒穴播，有利于提早封垄，有效增加光合面积；单粒精播成熟期的分枝数、主茎绿叶数和叶面积系数显著高于双粒穴播，有效光合时间得到延长。

3. 单粒精播对花生叶片保护酶活性的影响

单粒精播可提高叶片SOD、POD和CAT等保护酶活性，降低膜脂过氧化物MDA含量。其中，S1（19.5万穴/hm^2）各生育期的SOD、POD和CAT活性平均值分别较双粒穴播高16.5%、10.5%和11.0%，MDA含量低7.5%；S2（22.5万穴/hm^2）的SOD、POD和CAT活性分别高8.0%、12.3%和1.6%，MDA含量低14.5%。

4. 单粒精播对花生叶片碳、氮代谢酶活性的影响

单粒精播提高了花生整个生育期尤其是生育后期的叶片中NR、GS、GDH等氮代谢酶和SS、SPS等碳代谢酶活性，说明单粒精播促进了籽仁中碳水化合物和蛋白质的合成与积累，为籽仁中脂肪、蛋白质含量以及荚果产量的增加提供了代谢基础。

5. 单粒精播对花生光合特性的影响

单粒精播植株上部叶片和下部叶片的叶绿素a、叶绿素b、叶绿素（a+b）和类胡萝卜素含量均高于双粒穴播。高密度条件下，冠层下部叶片由于光照不足、通风透气差等因素导致叶片过早衰老，叶绿素含量下降。但单粒精播能明显地提高植株下部叶片叶绿素总量和类胡萝卜素含量。单粒精播花生的净光合速率、气孔导度及蒸腾速率均显著高于双粒穴播，这表明在单粒精播模式下叶片具有较高的光合活性及光合转化速率，提高了叶片的光合同化能力。另外，单粒精播提高了冠层下部叶片的光合色素含量及光合速率，延缓了后期叶片的衰老脱落，增加了不同层次叶片的光能利用率，提高了花生生育后期植株的光合同化能力。

6. 单粒精播对营养元素吸收分配的影响

与双粒穴播相比，单粒精播S1（27.0万穴/hm^2）和S2（22.5万穴/hm^2）处理均不同程度提高了花生单株及群体氮、磷、钾的累积吸收量，且S2在整个生育期内都具有较高的单株及群体养分累积吸收量，生育后期效果尤为显著。S3（18.0万穴/hm^2）虽然具有较高的单株氮、磷、钾累积吸收量，但群体累积吸收量较低。从养分分配特性看，S2和S3的荚果氮、磷、钾分配系数均显著高于双粒穴播。

（二）单粒精播对花生群体质量的影响

1. 单粒精播对花生田间微环境的影响

冠层微环境对作物生长发育和产量影响很大，良好的冠层微环境能够提高群体对自然资源的利用效率，从而增加光合物质的合成，提高作物产量。采用合理的种植方式与密度，创建合理的群体结构，保持生育后期冠层合理的光分布和气流交换，延缓花生后期衰老，提高光能利用率，是提高花生产量的重要途径。单粒精播改传统的每穴双粒为每穴单粒，同时，适当减少穴距扩大株距，在田间配置上使花生的植株分布更加均匀，有效提高了冠层透光率，改善了不同层次的受光条件，减少了漏光损失，有效地提高了光能利用率。传统双粒穴播下，植株密度较大，田间配置不均匀，同穴双株之间竞争激烈，造成叶片互相郁闭，透光、透气性差。单粒精播可明显提高生育期内的冠层温度和CO_2浓度，降低空气相对湿度，生育后期更加显著。单粒精播能有效改善群体生长的冠层微环境，延缓冠层下部叶片的衰老与脱落，提高不同层次叶片的光合性能，充分利用不同层次的光资源，保证花生产量的提高。

2. 单粒精播对花生群体整齐度的影响

花生种子异于其他作物，生产上很难保证种子大小和活力均匀一致，加上在较大密度和较高土壤肥力情况下，较窄的株行距容易导致植株发育不均衡，造成双粒穴播一穴双株之间非对称性竞争，形成大小株。高产条件下双粒穴播存在强势株和弱势株差异，强势株的分枝数和侧枝基部10cm内节数较多，从而使干物质重和单株结果数增加。单粒精播植株均匀分布，株间竞争显著降低，个体之间生长发育差异较小，植株高度整齐一致，单株干物质重和单株结果数基本相同，充分发挥单株生产潜力，促进了荚果产量提高。同时，单粒精播植株健壮整齐，倒伏率显著降低，有力保障花生的高产稳产。

3. 单粒精播对花生群体光合特性的影响

花生高产的主要问题是如何提高光能利用率，而提高光能利用率首先要增大有效绿叶面积。叶面积指数峰值持续时间长是超高产花生的一个显著特点。单粒精播花生单株叶面积在幼苗期与双粒穴播相比差异甚小，进入花针期以后，差异逐渐显现，在出苗后的80～100天差异最为明显。单粒精播在单株叶面积盛期可达到1 801.2～1 929.6cm^2/株，双粒穴播同期仅为1 126.3～1 202.8cm^2/株，前者比后者高59.9%～60.4%；全生育期单株叶面积前者平均1 175.3cm^2/株，后者平均832.8cm^2/株，前者比后者高41.1%。单粒精播群体高光效能力显著增强，最大LAI比双粒穴播提高9.8%，峰值持续期平均延长13天左右，群体光合速率提高17.0%。

4. 单粒精播对花生源库关系的影响

在一定环境条件下，源、库、流三者的协调程度最终决定花生的经济产量，因此，提高花生产量应从以下三个方面入手：一是保证适宜的群体数量，建立合理的群体结构，延缓后期叶片的衰老，延长叶片功能期，增加较高光合生产能力的持续时间，提高总生物量的积累。二是增加花生有效结荚数，保证群体足够的库容量。三是提高经济系数，保证流的通畅，促进光合产物及营养物质向荚果的分配与转移。单粒精播单株干物质重显著高于双粒穴播，但由于播种量减少20%以上，实收株数较少使单位面积总生物量与双粒穴播基本持平。适宜密度单粒精播（22.5

万穴/hm^2）与双粒穴播相比单株结果数显著增加，经济系数提高8.3%～10.6%，荚果产量提高8.1%～11.4%。与双粒穴播相比，单粒精播在总生物量基本稳定前提下，通过显著提高经济系数来提高荚果产量，从而探明了一条高产新途径。

5. 单粒精播对产量构成因素的影响

孙彦浩先生指出，建立一个大小适宜、个体发育与群体发展协调的群体结构，争取果多果饱是花生高产栽培的重要任务。双粒穴播虽然具有足够的生物产量，但是由于双株之间竞争激烈，光合生产积累的产物分配在营养器官中过多，导致营养物质向荚果的转移分配率降低，所以经济系数偏低。另外，适宜密度单粒精播的千克果数显著低于双粒穴播，而出仁率显著高于后者。由此可以看出，适宜密度的单粒精播能充分发挥出单株生产潜力，提高荚果形成期营养物质向荚果的分配转移率，促进荚果的充实与饱满。在超高产条件下，单粒精播花生的荚果产量平均比双粒穴播高13.92%，单株结果数显著增加是增产的原因，单粒精播总果数（幼果除外）最高达到592.5万个/hm^2。

第二章

花生单粒精播超高产技术设计与实施

一、单粒精播超高产技术设计

团队以单粒精播为核心技术，以钙肥调控和“三防三促”为共性关键技术，建立了花生单粒精播高产栽培技术体系。

（一）创建了以“重塑株型、优化群体质量”为目标的单粒精播核心技术

与传统双粒穴播相比，垄距由90cm减小到80～85cm，穴距由16～18cm减小到10～12cm，每穴由2粒减为1粒，每亩由0.8万～1.0万穴增加到1.3万～1.7万穴，减少3 000～4 000粒，节种20%左右。明确了“精选种子、精细包衣、精耕整地、精准播种”是单粒精播一播全苗壮苗的关键。研制出杀菌、杀虫、壮苗并重的种衣剂3种，单粒精播播种机2套。出苗率达到96%以上，比对照提高10个百分点；提前封垄7～10天，延缓衰老10～15天，有效增加了光合面积和光合时间。

（二）创建了以“提高抗逆性、促进荚果饱满度”为目标的钙肥调控关键技术

明确了钙肥可以增强抗逆性，延缓后期衰老，促进物质转运，从而使单株饱果数显著增加。根据苗期和结荚期需钙量大的特点，研发出双层膜控释肥，实现了钙肥分期释放。发现不同土壤类型对交换钙保持能力差异显著，pH值是主要影响因子，增施有机肥和微生物肥使交换性钙含量提高17.8%以上。建立了不同土壤类型钙离子活化技术，研发出酸性土和盐碱地花生专用肥2个，钙肥利用率提高20%以上，荚果饱满度提高16.5%。

（三）提出了“调控节间分布”技术策略，创建了“三防三促”关键技术

发现高产田花生第10～13节间是易倒伏的关键节点。将生产上第13节间化控（主茎高约35cm）提早到第11节间（主茎高约28cm），有效抑制了GA和IAA的合成，防止徒长倒伏，GA/ABA和IAA/ABA的下降有效促进了光合产物积累及向荚果转运，显著增加单株饱果数，增产19.3%。旱地、酸性土、盐碱地最佳化控高度为主茎高约32cm，渍涝地约为25cm。结荚期提早预防病害，生育后期LAI提高5.7%，增产4.7%。饱果期叶面追肥，饱果数提高13.4%，增产3.8%。创建了“三防三促”技术，一是精准化控，防徒长倒伏，促进物质分配和转运；二是提早预防，防病保叶，促进光合产物积累；三是叶面喷肥，防后期脱肥，促进荚果充实饱满，实现对群体质量的精准调控。

2013—2019年，利用花生单粒精播高产栽培技术体系，分别在山东平度、莒南和新疆玛纳斯等多地进行超高产攻关试验。试验严格按照制定的花生超高产技术方案实施，经过7年的努力试验和示范，连续3年实收突破单产荚果750kg/亩的产量指标，取得了显著的经济和社会效益。

二、播前准备

（一）选地、施肥和耕地

1. 选地

要想获得花生单粒精播优质、高产和稳产，选地要符合3个条件：一是不选重茬地，要选生茬地。花生春播单粒精播田应选择2年以上未种过花生和其他豆科作物的生茬地，或者是高产玉米茬、

棉花茬和地瓜茬。花生夏播单粒精播田应选择覆膜大蒜、马铃薯等蔬菜茬或者早熟高产小麦茬。花生套种单粒精播田应选择预留套种行的地块。二是要选择环境好中等肥力以上的地块。其土壤的理化指标应符合下列条件：土壤容重1.2～1.3g/cm^3，总孔隙度50%左右，有机质0.85%以上，全氮0.06%～0.08%，全磷0.05%～0.09%。土样中水解氮50～90mg/kg，速效磷22～66mg/kg，速效钾55～90mg/kg，代换性钙1.4～2.5g/kg。三是选择土体结构和设施条件好的地块。土层深厚50cm以上，地势平坦，沟灌、喷灌和滴管设施齐全，排涝方便。要求花生50cm根系层和20cm结实层的土壤类型为肥沃的壤土和轻沙土（图2-1至图2-3）。

通过对莒南、平度和新疆3块花生单粒精播超高产地块取土壤化验，平均有机质15.82g/kg，水解性氮70.82mg/kg，速效磷75.41mg/kg，速效钾109.51mg/kg，交换性钙9.66mg/kg。均符合花生单粒精播超高产田对土壤肥力的要求（表2-1）。

图2-1　春播生茬地

图2-2　春播玉米茬

图2-3　夏播麦茬地

表2-1　三块花生超高产田土壤肥力化验结果

试验点	土壤类型	有机质（g/kg）	水解性氮（mg/kg）	速效磷（mg/kg）	速效钾（mg/kg）	交换性钙（mg/kg）
莒南（2014年）	壤土	17.37	75.96	89.23	135.45	9.56
平度（2015年）	壤土	18.11	78.98	82.34	117.65	11.87
新疆（2016年）	沙壤土	11.98	57.53	54.65	75.43	7.54
合计		47.76	212.47	226.22	328.53	28.97
平均		15.82	70.82	75.41	109.51	9.66

2.施肥

花生超高产田播种前，要施足有机肥和化肥，这不仅可提供花生生育所需要的养分，还能为土壤微生物提供良好的培养基础，增加土壤微生物的数量和质量，有利于土壤的进一步熟化和改善土壤肥力状况。

据测定，花生每生产100kg荚果约需吸收氮（N）5kg、磷（P_2O_5）1kg、钾（K_2O）2.5kg。花生所需要的营养元素，除部分氮素来自自身根瘤菌固氮供给外，其他部分氮和全部的磷、钾等营养元素均来自土壤和肥料。根瘤菌供氮量因土壤肥力和施肥水平不同存在较大差异，肥力中等的土壤，根瘤菌供氮量约占植株氮素需求总量的50%。因此，氮素施肥量一般为花生所需量的

50%左右。磷由于在土壤中迁移范围小，吸收利用率低，磷的施用量一般比需要量高出50%左右。因为土壤中含钾较多，所以钾的用量应按需用量使用。鉴于上述原因，花生每生产100kg荚果约施氮（N）2.5kg、磷（P_2O_5）2kg、钾（K_2O）2.5kg。要想获取750kg/亩花生单粒精播超高产指标，需要施氮（N）18.75kg、磷（P_2O_5）15kg、钾（K_2O）18.75kg。换算成化肥为尿素（46%）40.8kg、过磷酸钙（18%）83.3kg、硫酸钾（50%）37.5kg。单施复合肥（$N_{15}P_{15}K_{15}$）为125.0kg（表2-2）。

表2-2　花生单粒精播超高产田施肥参考数量（单位：kg/亩）

施肥数量＼产量指标	400	500	600	700	750
氮（N）	10.0	12.5	15.0	17.5	18.75
施尿素（46%）	21.7	27.2	32.6	38.0	40.8
磷（P_2O_5）	8.0	10.0	12.0	14.0	15.0
施过磷酸钙（18%）	44.4	55.6	66.7	77.8	83.3
钾（K_2O）	10.0	12.5	15.0	17.5	18.75
施硫酸钾（50%）	20.0	25.0	30.0	35.0	37.5
单施复合肥（$N_{15}P_{15}K_{15}$）	66.7	83.3	100.0	116.7	125.0

花生单粒精播地，施肥应有机肥和无机肥搭配，要以氮磷钾为主。另外，根据土壤化验结果，应该加施25～50kg/亩的钙

肥、硼肥和锌肥等微量元素肥料。施用有机肥较多和肥力较高的地块，化肥用量可适当减少。结合冬耕或春耕将全部的有机肥和2/3化肥铺施，然后深耕25～30cm。剩余1/3化肥起垄前旋耕于0～15cm土层内，施入花生单粒精播超高产田内，也可作为种肥随即施入垄沟之间。通过耕地、起垄或播种时深施和匀施这些肥料，培创一个深、肥、松的花生高产土体。夏播精播花生地可以施用春播肥料量的2/3，结合旋耕一次性施入。花生单粒精播套种田，应在前茬作物耕地播种时适当多施肥，然后结合追肥，对花生创高产是非常有利的（图2-4至图2-6）。

图2-4　超高产田施肥

图2-5　铺施有机肥

图2-6　NPK复合肥

3.耕地

春播单粒精播花生地施足肥料后，一定要秋耕、冬耕、春耕或旋耕25～30cm，深耕或旋耕要宜早不宜迟。秋耕要在早秋作物收获后进行，冬耕要在晚秋作物收获后进行。来不及冬耕的地块，可在开冻后早春进行，以留有充裕的时间让土壤自然沉实，土肥相融。夏播花生精播地也要及时旋耕灭茬、耙平。深冬耕或春耕，要打破犁底层，加深熟化耕作层，能促进花生根系发育、增强土壤抗旱和耐涝能力，促进花生生长发育。若发现有根结线虫病、蛴螬、金针虫为害严重的地块，应结合耕地进行药剂处理（图2-7、图2-8）。

图2-7 深耕灭茬

图2-8　施肥旋耕

（二）品种选择与种子处理

1.品种选择

单粒精播花生对种子质量要求特别高，与多粒穴播不同的是，单粒穴播一旦缺苗，容易造成断穴，使花生株距变长，造成严重减产。所以，春播单粒精播花生种要选用品质优良、出苗率高、单株增产潜力大和综合性状好的中晚熟普通型大果品种，如山东省花生产区推广的花育22号、花育25号、海花1号和花育36号等中晚熟品种。夏播花生超高产田应选用早熟或中熟高产品种，玉米、高粱间作花生单粒精播超高产田，应选择中熟花生品种。这些品种在长江以北花生产区生长势强，产量高，具有超高产的潜力，是花生单粒精播超高产的首选品种（图2-9至图2-12）。

图2-9 花育22号

图2-10 花育25号

图2-11 海花1号

图2-12 花育36号

2.种子处理

单粒精播花生种子一要纯度高，二要籽仁饱满，三要发芽率达到100%，出苗率达到98%以上。所以，对花生种子要进行晒果、分级粒选、浸种催芽、测定发芽率和药剂拌种等处理。

（1）晒果

花生播种前1～2周，选择晴日将荚果在干燥的水泥地面上，摊成厚5～6cm的薄层。从9—16时，中间翻动2～3次，连晒2～3天。晒果有两个目的：一是除去种子水分，增强种子的吸水性能，打破种子休眠和提高种子生活力及发芽率。二是杀死荚果上的病菌，减轻花生田间发病率，晒过的种子比不晒的出苗提前1～2天，出苗率提高16%～28%，荚果增产6%～11%（图2-13）。

图2-13　晒果

（2）分级粒选

为了保证种子质量，花生单粒精播超高产田种子，均由人工剥壳后，然后进行分级粒选。将米分成三级：籽粒饱满、颜色一样的为一级米。种子重为一级米的1/2～2/3的为二级米，其余的杂色、虫食、发芽、破损和霉捂米为三级米。播种时超高产田尽量用一级米，示范田可用部分二级米。三级米不能做花生单粒精播超高田种子（图2-14至图2-17）。

图2-14　人工剥壳、分级粒选

图2-15　一级米

图2-16　二级米

图2-17　三级米和破碎米

（3）测定发芽率

为了确保花生种子质量，达到苗全、苗匀、苗壮的目的，还要对花生种子进行发芽率试验。方法是：在花生种中随机取一级和二级花生种子，每50粒为一个样本，重复3次，将样品分别放在3个容器中，用1份开水和2份凉水对成的温水（约40℃）浸泡3～4h后，使种子一次性吸足水分（横切种仁2/3吸足水分即可），放在瓷盘或塑料袋中，置于温暖的地方，进行催芽发芽。种子质量好，发芽率在100%的，可作为种子直播（图2-18）。

图2-18　催芽的花生种

（4）种子包衣或拌种

由于花生种子容易受潮感染根腐病、青枯病和白绢病等花生病害，容易遭地上老鼠等兽害和地下害虫等为害，严重影响出苗率。所以，花生单粒精播种子必须进行包衣或拌种，才能一播全苗，使出苗率达到98%以上。有条件的花生种植者，应学习国外花生种子包衣先进技术或采取自己独创技术进行包衣。没有条件的应该在花生精播前进行拌种（图2-19）。

图2-19　未处理的花生种

拌种有两种方法，介绍如下。

一是药剂拌种。在蛴螬、地老虎、金针虫等为害严重的地块，应该用毒死蜱等药剂拌种。在花生根结线虫病发生地块，应该用吡虫啉拌种，晾干种皮后播种（图2-20至图2-23）。

图2-20　蛴螬

图2-21 地老虎

图2-22 蛴螬、金针虫为害荚果

图2-23　根结线虫病

在花生白绢病害发生较重地块，应用氟酰胺药剂进行拌种。在茎腐病、根腐病、青枯病等病害较重地块，应用黍丰单或50%多菌灵可湿性粉剂拌种（图2-24至图2-27）。

图2-24　白绢病

图2-25 茎腐病

图2-26 根腐病

图2-27　青枯病

二是微量元素拌种。用种子重量0.2%～0.4%的钼酸铵或钼酸钠，对适量清水配制成浓度为0.4%～0.6%的溶液，用喷雾器直接喷到种子上，边喷边拌匀，晾干后播种，对提高种子发芽率和出苗率，增强植株固氮能力效果明显。或用浓度为0.02%～0.05%的硼酸和硼砂水溶液，浸泡种子3～5h，捞出后晾干播种。对促进花生幼苗生长和根瘤形成、解决花生由缺硼造成的种仁秕小等症状效果明显。

花生拌种时要注意三点：一是要严格按照药剂的配比浓度和花生种的数量进行。二是要在花生播种前用喷雾器喷洒，轻轻搅拌，然后摊晾，待到种皮晾干后，再进行播种。三是带药的种子尽量播完，防止人、畜误食，造成伤害（图2-28、图2-29）。

图2-28 黍丰单拌种

图2-29 吡虫啉拌种

三、播种

（一）适宜播期

确定花生单粒精播适宜播期，是花生苗全苗齐苗壮、夺取高产的基础。一般5天5cm地温稳定在15℃以上时，为大花生裸栽适宜播种期。花生单粒精播可以分为春播覆膜、夏播覆膜和麦田套种三种花生单粒精播高产栽培技术。春播覆膜花生单粒精播期的地温，应在5天5cm稳定在12.5℃以上时，即为适宜播期。例如，处在黄淮海区域的山东省和西北区域的新疆花生产区，适宜播期应在4月25日至5月5日。在此期间，气温和地温合适，一般能迎来春雨，避开寒流的侵袭，是精播花生的最好时期。若播种过早遇上寒流，容易造成烂种和幼根弯曲生长。莒南、平度和新疆花生单粒精播超高产田都是在5月1日前后播种的。夏播花生单粒精播应在大蒜、马铃薯等蔬菜和小麦收获后的5月中下旬和6月上旬期间为宜。花生精播套种期应定在小麦收获前的半月左右为宜（图2-30、图2-31）。

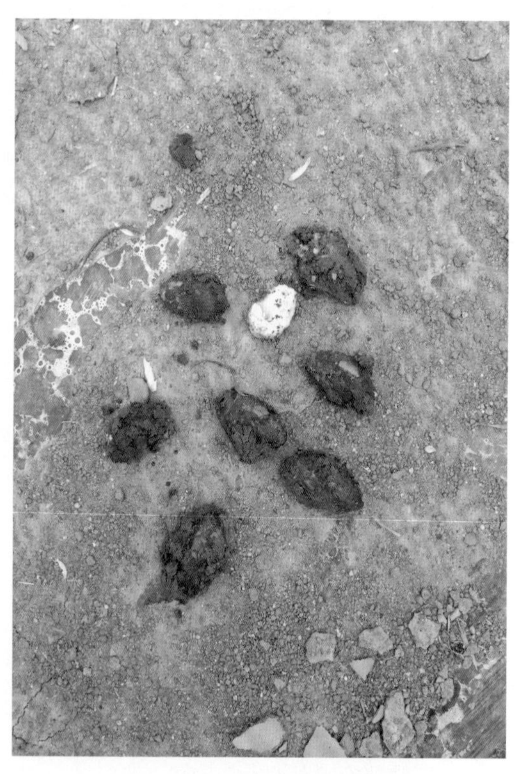

图2-30　腐烂的花生种

（二）土壤含水量

图2-31 幼根弯曲生长

花生单粒精播时足墒的土壤含水量，不仅能确保花生出苗，而且能满足花生苗期生长所需要的水分，一般不需要浇水。因此，覆膜花生播种时土壤墒情一定要足，墒情不足的一定要先造墒。据试验，花生播种时土壤水分以田间最大持水量的60%～70%为宜，即耕作层土壤手握能成团、手搓较松散时，最有利于花生种子萌发和出苗。土壤含水量低于40%易落干，种子不能正常发芽出苗，高于80%易发生烂种或幼苗根系发育不良。在适期内，要有墒抢墒、无墒造墒播种。若遇春旱，达不到此值时，应小水润灌或喷水造墒，或采取播种时开沟、打孔浇水再播种的方法。千万不要大水漫灌，以免地温回升慢，造成已播花生烂种和窝苗现象。年降水量少的干旱花生产区，如新疆等干旱地区应大力推广花生地膜膜下滴灌技术。可采用花生多功能地膜覆盖播种机，一次性将起垄、播种、施肥、喷除草剂、铺滴管、覆膜或打孔播种等多道工序完成，或用人工和机械铺设滴管（图2-32至图2-35）。

图2-32　小水润灌

图2-33　喷水造墒

图2-34 机械铺设地膜滴管打孔后人工播种

图2-35 播种后铺设滴管、机械覆盖地膜

（三）种植规格

单粒精播花生要想夺取高产，应充分利用地上生长空间和地下结实土壤，适当增加密度，充分发挥花生单株的增产潜力，最大限度地获取单位面积产量。通过高产创建试验和示范，采取起垄播两行种植法比较合适。

花生单粒精播超高产田要求密度规格为垄距80cm，垄沟宽30cm，垄面宽50cm，垄高12cm，垄上种2行花生，垄上小行距25cm，播种行距离垄边12.5cm，大行距55cm，穴距10cm，播深4cm，播种16 668穴/亩，每穴播1粒种子。花生播种前，要提前按照上述要求进行机械起垄。若实收株数达到1.5万株左右，单株结果数达到20个以上，单产荚果可以达到750kg/亩以上（图2–36至图2–38）。

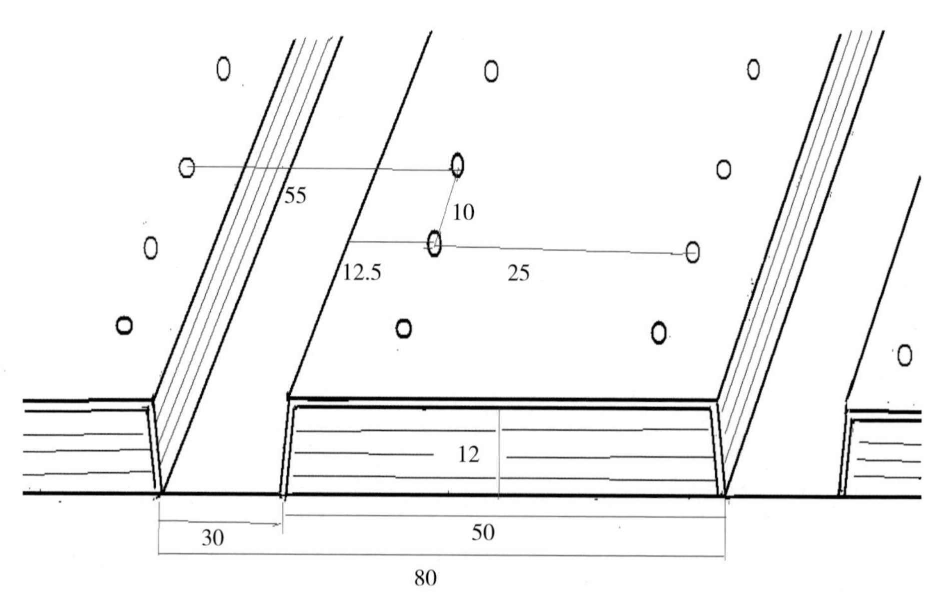

图2–36　花生单粒精播超高产密度规格示意图（单位：cm）

图2-37 机械起垄

图2-38 起好的花生垄

通过对莒南、平度和新疆3个花生单粒精播超高产地块验收时取样考察，平均每亩实收株数15 651株，单株结果数24.0个，单株秕果数8.38个，单株饱果数15.1个，荚果单产762.6kg，证明设计的花生超高产密度规格是可行的（表2-3）。

表2-3　单粒精播超高产田产量构成因素

超高产试验点	实收荚果产量（kg/亩）	实收株数（株/亩）	单株果重（g/株）	单株结果数（个/株）	单株秕果数（个/株）	单株饱果数（个/株）	花生品种
莒南（2014年）	752.6	15 780	47.7	25.34	15.32	10.02	花育22号
平度（2015年）	782.6	16 080	48.7	22.29	5.13	17.16	海花1号
新疆（2016年）	752.7	15 093	49.9	24.42	4.70	18.22	海花1号
合计	2 287.9	46 953	146.3	72.05	25.15	45.4	
平均	762.6	15 651	48.8	24.0	8.38	15.1	

大面积示范推广花生单粒精播设计的密度规格为垄距85cm，垄面宽55cm，垄沟宽30cm，垄高4cm左右。垄上播2行花生，垄上小行距30cm，大行距55cm左右为宜。大花生穴距12～13cm，每穴播1粒种子，播1.21万～1.31万穴/亩。小花生穴距10～11cm，每穴播1粒种子，播1.43万～1.57万穴/亩，花生多功能单粒地膜覆盖播种机，也是按照这个密度规格设计制造的。

（四）精细播种覆膜

1. 人工播种覆膜

花生单粒精播超高产田均采取人工播种。播前铺施剩余化肥，用旋耕犁旋耕1～2遍，做到地平、土细、肥匀，然后按照密度规格起垄。播种时，先在垄上开两条深3～4cm的播种沟，沟底距垄边12.5cm左右，按预定密度足墒播种。

若墒情不足，应先顺沟浇少量水，待水渗下后，再播种。播后随即覆土，耧平垄面，然后覆膜。覆膜前，每亩喷施96%金都尔乳油除草剂60～80mL，或50%乙草胺除草剂100～120mL，加水50～60kg，随即覆膜压土。覆膜后在播种行上方盖5cm厚的土埂，能起到风吹破坏地膜和花生自动破膜出土的作用，并引升花生子叶节出膜，有利于花芽分化（图2-39至图2-41）。

图2-39　拉线标准开沟

图2-40　标杆规范播种

图2-41　标准覆盖地膜

2. 机械播种覆膜

选用莱阳万农达花生机械厂等制造的农艺性能优良的花生单粒精量联合播种机，将花生施肥、起垄、播种、喷洒除草剂、覆膜、膜上压土（或不压土的）等工序一次完成。播种前要根据密度调好穴距，根据化肥数量调整施肥器流量。如果机械在播种行上方膜面覆土高度不足5cm的，要人工填补至高度达到5cm左右，确保花生幼苗能自动破膜出土（图2-42至图2-46）。

图-42　一垄两行播种带上方压土

图2-43　三垄六行播种带上方压土

图2-44　膜面上压土堆

图2-45　打孔播种上方压土

图2-46　四垄八行播种带上方压土

四、田间管理

花生超高产田的管理，应该根据花生生育期的生长特点，分段进行科学管理。花生从播种到收获，可细分为发芽出苗期、幼苗期、开花下针期、结荚期、饱果期和收获期。但是，从管理的角度考虑，可分为前期管理、中期管理和后期管理3个阶段（表2-4）。

表2-4　花生生育期的划分

生育阶段	前期		中期		后期	
	营养生长阶段		营养与生殖生长阶段		生殖生长阶段	
生育时期	发芽出苗期	幼苗期	开花下针期	结荚期	饱果期	收获期
生长标准	花生从播种到50%的幼苗出土，主茎展现2片真叶	50%的幼苗出土，主茎展现2片真叶至50%的植株现花	50%的植株始现花到50%的植株始现幼果	50%的植株始现花幼果到50%的植株始现饱果	50%的植株始现饱果至收获	开始收获
生育天数	10～18天	20～35天	25～35天	40～55天	25～40天	
主茎叶片数	0～2片	2～8片	12～18片	16～20片	>20片	

（一）前期管理

花生单粒精播的前期管理，主要是指花生营养阶段的发芽出苗期和幼苗期一段时间的科学管理。前期管理的重点是放苗、补苗和培育壮苗，促进花生的营养生长，是保证花生高产的基础。

1.出苗期

花生从播种到出苗，需10～18天（图2-47）。要想达到苗齐、苗全、苗壮的目的，地膜覆盖的花生，应及时开膜孔放苗。若开孔放苗过晚，地膜内湿热空气易将花生幼苗灼伤，影响幼苗生长，严重时能造成死苗。在花生播种行上压土带的，花生幼苗能顶土破膜出苗，并及时将土堆撤到垄沟中。因压土不足，或没有压土带的覆膜花生，当幼苗鼓膜刚见绿叶时没有顶破薄膜的，要人工及时在苗穴上方将地膜撕开一个小孔，把花生幼苗从地膜里抠出。因为单粒精播花生穴距小，开膜孔时一定要小心，而且要在膜孔上方压土，不仅能够保护地膜不被大风吹翻破碎，还有引升花生子叶节出膜，力争达到苗齐、苗全和苗壮的目的（图2-48至图2-52）。

图2-47　花生出苗示意图

图2-48 播种行压土

图2-49 灼伤幼苗

图2-50　开孔放苗

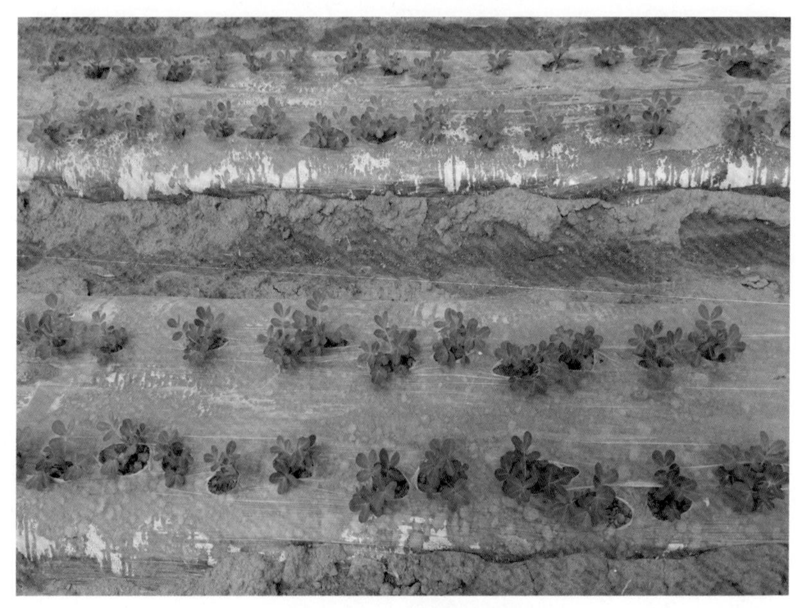

图2-51　清除土堆

图2-52 苗齐苗全苗壮

2.幼苗期

花生从50%幼苗出土展现两片真叶到10%植株开花时主茎有7～8片真叶的这一段时间为幼苗期，为20～35天，管理的重点应抓好查苗补苗、抠出膜下侧枝和防治病虫害等。

（1）查苗补苗，抠出膜下侧枝

花生单粒精播若遇到极端天气或其他严重影响，花生缺穴率高，使花生株距成倍增加，浪费了土地，降低了产量。所以，基本齐苗时，应及时检查缺苗情况。对缺穴地方要及时补种，补苗的种子要先浸种催芽。补种时浇少量水，同时，还要及时检查并抠出压在地膜下横生的侧枝，使其健壮发育，促进花芽分化。始花前一般需进行2～3次检查补种，才能达到苗全的目的（图2-53、图2-54）。

图2-53　催芽补苗的花生种

图2-54　压在地膜下的分枝

（2）防治虫害草害

花生苗期幼嫩部位虫害为害较重，若遇干旱，叶螨、蓟马、蚜虫和叶蝉等易为害花生叶片等幼嫩部位，易感染和传播花生病毒病，严重影响花生花芽分化（图2-55至图2-62）。

图2-55 叶螨

图2-56 叶螨为害

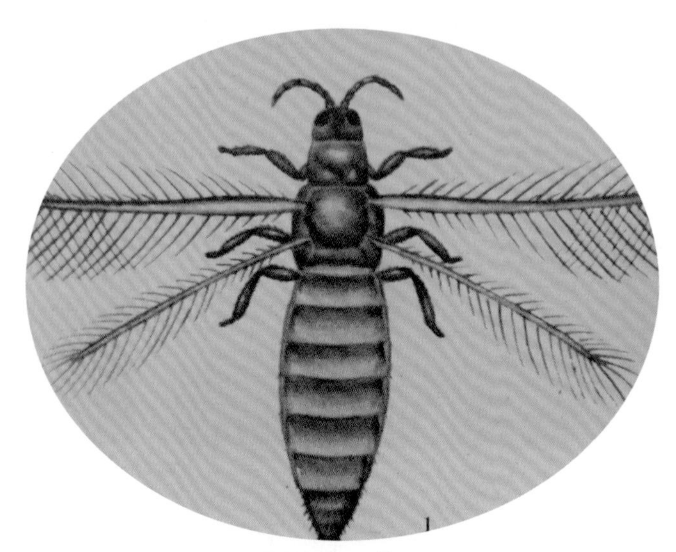

图2-57　蓟马

图2-58　蓟马为害传播病毒病

图2-59 蚜虫

图2-60 蚜虫为害

图2-61　叶蝉

图2-62　叶蝉为害

若发现上述害虫为害幼苗，应该及时用毒死蜱等药剂喷洒。还要对花生垄沟进行中耕，消除杂草，提高花生垄沟土壤的透通性。促使花生苗全、苗壮、苗旺，为花生花芽分化奠定良好基础（图2-63至图2-65）。

图2-63　喷药

图2-64　中耕除草

图2-65　苗全、苗壮、苗旺

（二）中期管理

精播花生的中期，是指花生开花下针期和结荚期，是营养生长与生殖生长的共生阶段。从花生始花到50%的植株始现幼果时称开花下针期，为25～35天（图2-66、图2-67）。

图2-66　开花授粉

图2-67　开花后下针

从花生50%植株现幼果到50%始现饱果为结荚期，为40～55天，中期田间管理的重点是防病治虫、施肥浇水和防徒长等，培创一个花生营养体和生殖体协调配合与发展的超高产群体（图2-68、图2-69）。

图2-68　结荚期

图2-69　花生超高产群体

1.预防花生叶部病害

花生单粒精播田要提早预防花生叶斑病，包括黑斑病、焦斑病、网斑病和褐斑病。从花生始花开始，当植株病叶率达到10%时，要用50%的多菌灵可湿性粉剂800倍液、硫胶悬剂、波尔多液、百菌清、代森锰锌等药剂，每隔12天喷洒叶面1次，连续喷3次左右。在偏盐碱地种植的花生（如新疆等地）叶片容易变白发黄，应多次喷施硫酸亚铁溶液进行防治（图2-70至图2-73）。

图2-70　黑斑病

图2-71 焦斑病

图2-72 网斑病

图2-73　褐斑病

2.防治棉铃虫

若发现二三代棉铃虫、造桥虫和菜青虫为害花生心叶和叶片时，应及时喷施毒死蜱等药液进行喷杀。若防治过晚，50%花生叶片将被钻孔和吃光，严重降低了花生光合效率，减少结荚果数量和饱果率（图2-74至图2-78）。

图2-74　棉铃虫

图2-75　造桥虫

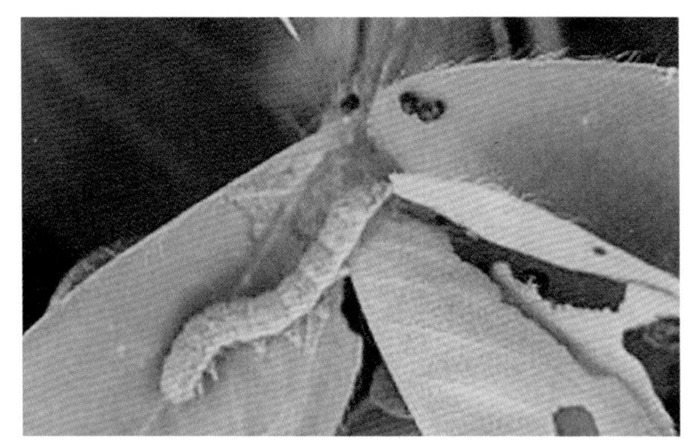

图2-76 菜青虫

图2-77 为害的叶片

图2-78 喷药防治病虫害

3.防治蛴螬

特别在容易造成蛴螬、金针虫为害的地块，应该从苗期开始利用捕捉、杨树把引诱和荧光灯诱杀等方式消灭蛴螬的成虫金龟甲，减少产卵数量。消灭或减少蛴螬、金针虫对荚果的为害（图2-79至图2-82）。

图2-79　产卵金龟甲

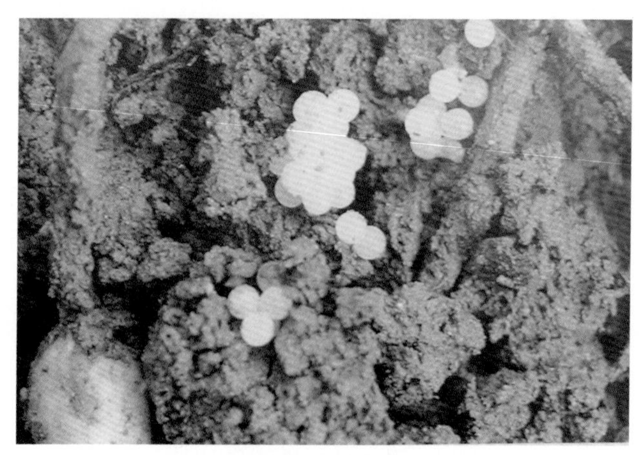

图2-80　卵粒

图2-81 当年蛴螬为害荚果

图2-82 金针虫

若发现为害严重，要在花生封垄前，把喷雾器卸去喷头，用毒死蜱等药液进行灌墩，消灭当年在花生结果层产卵孵化的幼小蛴螬和金针虫。

4.防止徒长

花生单粒精播较双粒穴播密度大、分枝多，个体发育较大，若遇连阴下雨和强风吹袭，容易造成徒长倒伏现象。所以当花生主茎高度达到35cm以上，而且有徒长倒伏趋势时，可用50～100mg/kg浓度的多效唑、壮饱胺等药液，根据情况分次在植株顶部喷洒。最好控制在花生收获时，株高达到40cm左右为宜。注意：喷得过多，容易造成植株矮小，叶片变小变黑，还会诱发花生锈病，导致花生落叶枯死，降低产量（图2-83、图2-84）。

图2-83　倒伏的花生

图2-84 喷抑制剂后的花生

通过对莒南、平度和新疆3个花生单粒精播超750kg/亩超高产点饱果期测定，平均株高36.47cm，侧枝长39.42cm，第一侧枝基部10cm节数7.43个，分枝数11.05条，主茎叶片数7.84片，叶面积指数3.36。试验证明，化控能够优化单粒精播花生超高产植株和群体结构，是一项重要的超高产措施（表2-5）。

表2-5 化控对花生超高产植株和群体的影响

试验点	主茎高（cm）	侧枝长（cm）	第一侧枝基部10cm节数（个）	分枝数（条）	主茎绿叶数（片）	叶面积指数	干物质重（g）
莒南（2014年）	33.68	35.38	7.82	11.02	7.38	3.07	73.17

（续表）

试验点	主茎高（cm）	侧枝长（cm）	第一侧枝基部10cm节数（个）	分枝数（条）	主茎绿叶数（片）	叶面积指数	干物质重（g）
平度（2015年）	34.63	36.93	7.55	11.25	8.52	3.79	84.45
新疆（2016年）	41.11	45.94	6.92	10.89	7.61	3.21	76.34
合计	109.42	118.25	22.29	33.16	23.51	10.07	233.96
平均	36.47	39.42	7.43	11.05	7.84	3.36	77.99

5.浇水施肥

如果天气持续干旱，花生叶片中午前后出现萎蔫，严重影响花生开花、下针和结果时，应提前进行沟灌、喷灌或滴灌，确保果针及时入土结实和荚果充分膨大。如果浇水过晚，结实层土壤偏干，花生种脐一旦萎缩，水分和养分就不能恢复输送，造成秕果增多、饱果减少的现象。无论是沟灌、喷灌还是滴灌，都应该将水浇足。沟灌时，应在沟内用土或者用塑料袋装上土堵沟，使地势高的地方也能浇足水。在新疆等干旱地区的花生，可以从中期开始就结

图2-85　干旱的花生

合滴灌进行浇水，还要根据花生缺肥状况，施入一定数量的氮、磷、钾可溶性复合肥或其他微量元素肥料（图2-85至图2-87）。

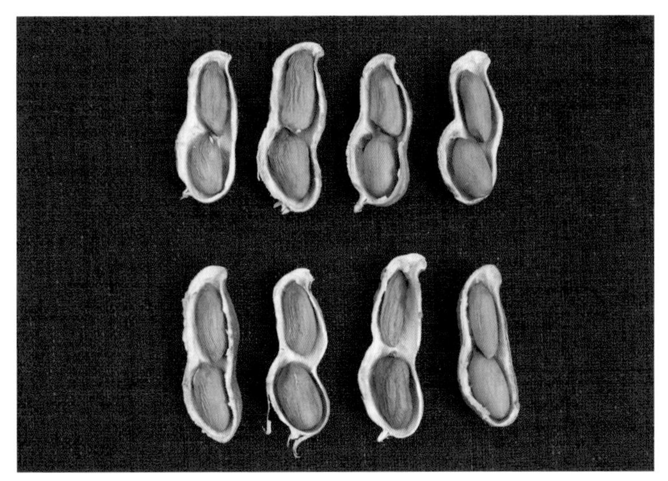

图2-86　干旱形成的秕果

图2-87　浇水施肥后的花生

（三）后期管理

花生单粒精播后期管理指从饱果期到收获的一段时间，是花生生殖生长阶段。从花生50%植株始现饱果到收获为饱果期，为25～40天。管理的重点是保叶，增饱果，提高花生品质和产量（图2-88）。

图2-88　花生饱果期

1.喷肥保顶叶

由于花生单粒精播密度大，植株群体生长旺盛，开花下针期和荚果膨大期消耗了大量的养分，后期容易出现脱肥、叶黄和落叶等早衰现象，影响荚果膨大，也可能出现干旱和内涝，造成饱果减少，秕果增加，造成减产。为了延长植株上部叶片功能时间，增加生育后期的光合积累，提高荚果饱满度。在结荚后期每隔7～10天叶面可喷施0.3%的磷酸二氢钾水溶液，或者喷1%～2%的尿素溶液，也可喷施0.02%的钼酸铵溶液，来保护和维持花生功能叶片的光合作用（图2-89）。

图2-89　喷叶面肥和防旱排涝后的花生

2.抗旱排涝

后期花生如遇到持续干旱，会导致根系老化、顶叶脱落、茎枝枯衰，严重影响荚果成熟饱满。若收获前两周遭遇干旱，花生籽粒容易感染黄曲霉毒素，降低花生品质，应立即小水轻浇，以养根保叶。若遇秋涝，又不能及时排水，荚果果柄在土壤里容易腐烂，荚果生芽甚至腐烂，造成减产。所以要根据实际情况，做好花生后期的抗旱和排涝工作（图2-90至图2-93）。

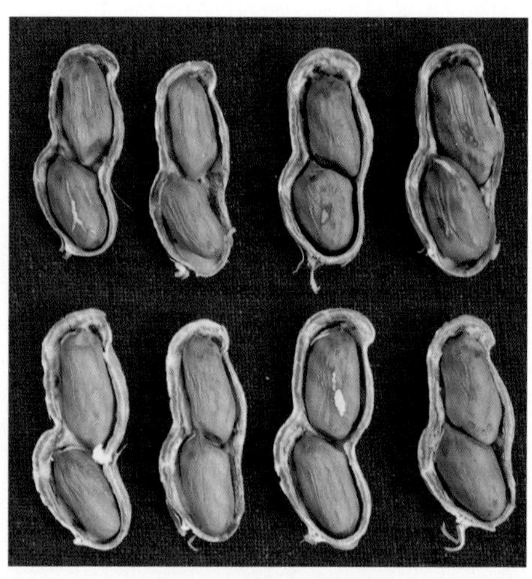

图2-90　饱果

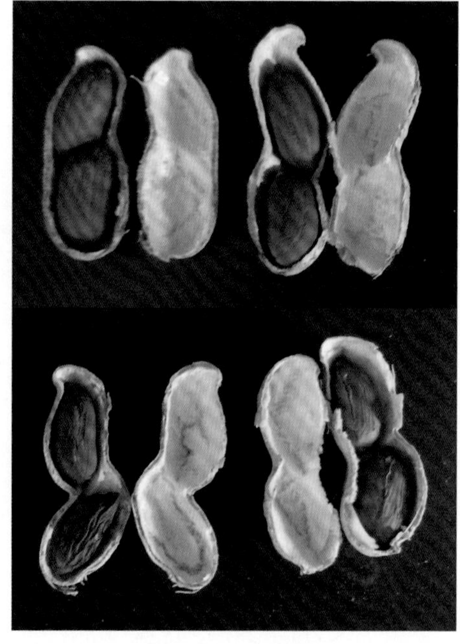

图2-91　秕果

图2-92 果腐病

图2-93 腐烂的荚果

3.适时收获

按生育期计算，一般普通型大果花生品种125天左右，珍珠豆型小果花生110天左右即可收获。如单粒春播花生从4月下旬至

5月上旬播种，在9月下旬收获较适宜。确定花生收获最佳时期，最好应以70%的荚果果壳硬化、网纹清晰、果壳内壁呈青褐色斑块时为准。收获过早，花生籽粒不饱满；收获过晚，芽果、烂果和过熟果增加，导致种仁变成黄褐色，含油率降低，丰产不丰收（图2-94至图2-96）。

图2-94　成熟的花生植株

图2-95　成熟荚果

图2-96 收获的花生

4.收获方法

花生收获可分人工收获、半机械收获和机械收获3种。人工收获和半机械收获就是先把花生掘刨和耕翻后，铺放在地面晾晒或者将荚果朝外垒成垛，然后进行人工或机械脱果（图2-97至图2-100）。

图2-97 单行收获

图2-98 双行收获

图2-99 收获后晾晒

图2-100 花生摘果机

新研制的花生联合收获机已经进行推广应用，效果好，受到普遍欢迎。例如，山东临沭机械厂生产的花生联合收获机，能一次性地将花生从地里掘拔起来送入输送带，然后将荚果从茎蔓上脱落下来，省工省时，效果很好（图2-101）。

图2-101　花生联合收获机

摘下的荚果一定要及时翻晒，直至荚果含水量小于10%的生理含水量时，才能装袋入库，以防止花生发霉变质。为了防止花生回潮，入库几天后，还要再进行晾晒，才能保证花生质量（图2-102、图2-103）。

图2-102　发霉的荚果

图2-103　霉变的籽仁

5.防止残膜污染

覆膜花生收获后，40%的残膜埋在地里，污染了土壤；30%

的残膜挂在花生植株上，污染了饲料；30%的残膜随风飘扬挂在树上和落在河沟里，污染了环境。所以，最好是在花生收获前将地面上的残膜揭掉。收获花生后，随手把地面上的残膜收起来，脱果时把植株上的残膜清除掉，再结合耕地和耙地尽量把地里的残膜逐渐清除干净。只有这样，才能给花生地膜覆盖栽培创造一个持久、清洁和完美的生态环境（图2-104至图2-106）。

图2-104　地膜覆盖花生

图2-105　清除植株上残膜

图2-106 创造美好的花生生态环境

第三章

花生单粒精播超高产实施效果

自2013年以来，山东省农业科学院在山东莒南、平度、莱西、莱州、招远、莱阳、宁阳、冠县、高唐以及新疆、湖南和吉林等多地进行了花生单粒精播超高产试验示范，取得显著的效果。

一、节本增效增产显著

与传统双粒播种相比，花生单粒精播技术用种量减少20%～30%，并且较好地协调了个体和群体发育动态，平均荚果单产增产8%～10%，增加效益3 150元/hm^2以上。

二、花生超高产纪录

按照《山东省花生高产田验收办法》，超省、地（市）最高纪录者，要求每亩地全部当天完成量地、收刨、脱果、去杂、过称和取样等工作，对培创的花生单粒精播超高产攻关田进行验收，连续三年、一共四年荚果实收超过750kg/亩（图3-1至图3-4）。

图3-1 量地

图3-2　收刨

图3-3　脱果

图3-4 去杂

（一）山东莒南板泉

2014年9月26日，山东省农业厅组织专家，对设在莒南板泉镇的花生单粒精播超高产攻关田进行验收。实收面积每亩荚果达到752.6kg，打破了31年前的花生746.3kg/亩高产纪录（图3-5至图3-7）。

图3-5　2014年山东莒南板泉验收组成员

图3-6　2014年山东莒南板泉机械收获验收现场

花生高产攻关田测产验收意见

2014年9月26日，受山东省农业厅委托，山东省农业科学院邀请有关专家，对设在莒南县的花生单粒精播高产攻关田进行了测产验收，结果如下。

一、测产地点

攻关田位于莒南县板泉镇寨子村，面积4亩，种植品种为花育22号。5月7日播种，地膜覆盖栽培。

二、测产方法

预测按对角线5点取样法取点，每样点面积0.01亩，实收称鲜果重，折干率按55%计算产量，缩值系数1。复测在攻关田内量取1亩，实收全部鲜果，按果样烘干法测算折干率计算产量。

三、测产结果

攻关田预测平均每亩鲜果重1 341.5kg，亩产荚果737.8kg。复测1亩鲜果重1 290.9kg，测算折干率为58.3%，折合亩产荚果752.6kg。按照山东省农业厅花生高产田测产验收办法，确认山东省农业科学院4亩花生高产攻关田单产以实收为准，为752.6kg/亩。

测产验收组组长：李向东

2014年9月30日

图3-7　2014年山东莒南板泉验收报告

（二）山东平度古岘

2015年9月22—24日，农业部种植业司委托全国农业技术推广中心组织国内有关专家，对设在平度古岘镇的单粒精播超高产攻关田进行了验收。实收面积每亩荚果达到782.6kg，创造了国内外花生单产最高纪录（图3-8至图3-10）。

图3-8　花生超高产田

图3-9　2015年山东平度古岘验收组专家

2015年花生单粒精播高产攻关实收意见

受农业部种植业司委托，全国农技推广中心于2015年9月22—24日组织全国有关专家，对山东省农业科学院承担的国家科技支撑计划“花生高产高效关键技术研究与示范”课题平度基点花生单粒精播高产攻关田产量进行了实收。

一、测产地点

测产地点位于平度市古岘镇伍家寨子村，面积3亩，品种海花1号。5月13日播种，地膜覆盖栽培。

二、实收方法

专家组在3亩攻关田内随机量取1亩地，实收全部鲜果，除去泥土、沙、石、枝叶和无经济价值的幼果、虫果、烂果等，称重，记录实收鲜果重。随机取去杂后的鲜果样品7份，每份1kg，由测产专家带回，按烘干法测算折干率计算产量。

三、实收结果

实收1亩鲜果重1 303.1kg，测算折干率为60.06%，折合亩产荚果782.6kg。按照有关花生高产田测产验收办法，确认山东省农业科学院1亩花生高产攻关田荚果产量为782.6kg。

组　长：

副组长：

副组长：

2015年9月28日

图3-10　2015年山东平度古岘验收报告

（三）新疆玛纳斯

2016年9月25日，全国农业技术推广中心组织国内专家，对设在新疆玛纳斯县的单粒精播超高产攻关田进行验收。实收面积503.52m^2，折合单产荚果达到752.7kg/亩，创造了新疆花生单产最高纪录（图3-11至图3-13）。

图3-11　验收现场

图3-12　2016年新疆玛纳斯县验收组专家

2016年花生单粒精播高产田实收意见

受黑龙江省科技厅委托，山东省农业科学院与全国农技推广中心联合于2016年9月24—27日组织全国有关专家，对山东省农业科学院承担的国家科技支撑计划“花生高产高效关键技术研究与示范”课题新疆基点花生单粒精播高产田产量进行了实收。

一、实收地点

测产地点位于新疆农业科学院玛纳斯农业试验站，面积4.5亩，品种海花1号。4月26日播种，地膜覆盖栽培。

二、实收方法

专家组在4.5亩攻关田内随机量取503.52m^2，实收全部鲜果，除去泥土、沙、石、枝叶和无经济价值的幼果、虫果、烂果等，称重，记录实收鲜果重。随机取去杂后的鲜果样品3份，每份1kg，由测产专家带回，按烘干法测算折干率计算产量。

三、实收结果

实收503.52m^2，鲜果重990.43kg，折合亩产鲜荚果1 311.41kg，测算折干率为57.40%，折合亩产干荚果752.7kg。按照有关花生高产田测产验收办法，确认山东省农业科学院设在新疆农业科学院玛纳斯农业试验站的花生高产田荚果产量为752.7kg/亩。

组　长：

副组长：

2016年9月29日

图3–13　2016年新疆玛纳斯县验收报告

（四）山东莒南道口

2018年9月10日，山东省农业厅组织专家，对设在莒南道口镇的花生单粒精播超高产攻关田进行验收。实收面积每亩荚果单产达到763.6kg，创造2018年花生单产最高纪录（图3-14至图3-16）。

图3-14　验收现场

图3-15　2018年山东莒南道口验收组专家

国家科技支撑计划
“花生高产高效关键技术研究与示范”

2018年花生单粒精播高产攻关实收意见

受黑龙江省科技厅委托，山东省农业科学院于2018年9月10—11日邀请有关专家，对山东省农业科学院承担的国家科技支撑计划“花生高产高效关键技术研究与示范”课题莒南基点的花生单粒精播高产攻关田进行考察和实收。

一、实打验收地点

验收地点位于莒南县道口镇，面积4亩，品种花育33号。4月27日播种，单粒精播地膜覆盖栽培。

二、实打验收方法

专家组在4亩攻关田内随机量取1亩，实收全部鲜果，除去泥土、沙、石、枝叶和无经济价值的幼果、虫果、烂果等，称重，记录实收鲜果重。随机取去杂后的鲜果样品6份，每份1kg，按烘干法测算折干率计算产量。

三、实打验收结果

实收面积1亩，鲜果重1 380.9kg，测算折干率为55.3%，折合实收荚果763.6kg。按照有关花生高产田测产验收办法，确认山东省农业科学院1亩花生高产攻关田实收荚果产量为763.6kg。

组　长：

副组长：

2018年9月15日

图3-16　2018年山东莒南道口验收报告

三、花生单粒精播及间作玉米、高粱等试验示范

花生单粒精播超高产技术在2011—2018年连续8年被列为山东省农业主推技术，2015—2019年连续5年被列为农业部主推技术，颁布为国家农业行业标准。近几年，花生单粒精播技术在山东累计种植面积超过100万hm^2（1 500万亩）。该技术节本增效增产显著，若全国推广60%的面积，可节种67万t，增效8.60亿～12.9亿元，推广应用前景广阔。单粒精播技术的应用是我国花生种植技术的一次重要变革，成为花生超高产的关键措施。

（一）山东莒南岭泉

2019年，在山东省莒南县岭泉验收结果，10亩超高产攻关田荚果平均单产775.8kg/亩，100亩核心区平均单产703.4kg/亩，1 200亩示范区平均单产624.3kg/亩（图3-17、图3-18）。

图3-17　2019年山东莒南岭泉示范田

花生单粒精播技术2019年测产验收意见

山东省农业科学院于2019年9月5—7日组织有关专家对山东省农业科学院花生栽培团队设在临沂市莒南县的花生单粒精播技术攻关田进行了测产验收。

花生单粒精播技术高产攻关田10亩（岭泉镇）、核心区100亩（坊前镇）、示范区1 200亩（涝坡镇）。课题组在高产攻关田初测10个点、在核心区初测20个点、在示范区初测30个点，每点面积6.67m^2，刨收摘果去杂后称重，按照55%折干率计算产量：高产攻关田平均亩产775.8kg、核心区平均亩产703.4kg、示范区平均亩产624.3kg。

根据山东省农业农村厅花生测产验收有关规定的测产验收办法，验收组在课题组初测的基础上随机抽样复测。

在攻关田复测5个点，平均亩产786.8kg，与初测相差1.42%；

在核心区复测10个点，平均亩产721.5kg，与初测相差2.57%；

在示范区复测20个点，平均亩产593.2kg，与初测相差4.98%。

验收组承认课题组初测结果有效。

组　长：[签名]

副组长：[签名]

2019年9月7日

图3-18　2019年山东莒南岭泉验收报告

（二）新疆石河子

2019年9月17—18日，对山东省农业科学院和石河子大学联合实施项目，在新疆石河子150团花生单粒精播高产攻关与单粒精播试验示范田进行验收。50亩花生单粒精播田单产荚果平均736.7kg/亩，单粒精播高产田单产花生荚果722.8kg/亩（图3-19至图3-22）。

图3-19　验收现场

图3-20　2019年新疆乌鲁木齐验收组专家

花生单粒精播试验示范测产验收意见
（2019年）

2019年9月17—18日，山东省农业科学院和石河子大学联合邀请有关专家组成验收组，对双方在新疆维吾尔自治区150团共同实施的花生单粒精播试验示范田进行测产验收。

单粒精播技术试验示范田50亩位于石河子市150团，4月23日播种，品种为花育36号和鲁花11号，一畦四行地膜覆盖栽培。项目组初测15个点，每点面积6.67m^2，平均亩产736.7kg。

根据花生测产验收有关规定的测产验收办法，验收组在项目组初测的基础上随机抽样复测10个点，平均亩产722.1kg，与初测相差1.98%。验收组承认项目组初测结果有效。

组　长：

副组长：

2019年9月18日

图3-21　2019年新疆乌鲁木齐150团示范田验收报告

花生单粒精播高产攻关实打验收意见
（2019年）

2019年9月17—18日，山东省农业科学院和石河子大学联合邀请有关专家组成验收组，对双方共同实施的花生单粒精播高产攻关与试验示范田进行实打验收。

一、实打验收地点

验收地点位于新疆维吾尔自治区150团，面积50亩，品种为花育36号和鲁花11号。4月23日播种，一畦四行单粒精播地膜覆盖栽培。

二、实打验收方法

专家组在50亩攻关田内随机量取1亩，实收全部鲜果，除去泥土、沙、石、枝叶和无经济价值的幼果、虫果、烂果等，称重，记录实收鲜果重。随机取去杂后的鲜果样品5份，每份1kg，按烘干法测算折干率计算产量。

三、实打验收结果

实收面积1亩，鲜果重1 257kg，测算折干率为57.5%，折合实收荚果722.8kg。按照有关花生高产田测产验收办法，确认山东省农业科学院1亩花生高产田实收荚果产量为722.8kg。

组　长：[signature]

副组长：[signature]

2019年9月23日

图3-22　2019年新疆乌鲁木齐150团高产攻关验收报告

（三）山东莒南、肥城

为了解决粮油争地的矛盾，在莒南、肥城、冠县和平度等地，进行了春玉米、高粱间作单粒精播花生试验及示范推广。2019年，经专家测产验收，在山东莒南玉米单产574.3kg/亩，花生荚果单产355.6kg/亩。在肥城安驾庄进行了济梁1号间作花育36号单粒精播试验与示范，高粱单产300kg/亩，花生荚果单产190kg/亩。两种种植模式均取得显著的经济效益和社会效益（图3-23至图3-26）。

图3-23　2019年山东莒南玉米间作花生中期

图3-24　2019年山东莒南玉米间作花生后期

图3-25　2019年山东肥城高粱间作花生

基于‘花生+’的带状轮作技术研究与应用
花生玉米宽幅间作测产验收意见

山东省农业农村厅于2019年9月6日组织有关专家，对山东省农业科学院生物技术研究中心承担的山东省农业重大应用技术创新项目“基于‘花生+’的带状轮作技术研究与应用”花生玉米宽幅间作高产攻关田进行了测产验收。

攻关田设在莒南县坊前镇，面积5亩，种植花生品种为花育25号、玉米品种为登海605。玉米花生间作带宽3.6m，3行玉米6行花生，花生于5月3日播种，玉米于6月15日播种。课题组初测5个点，花生每点连续取5m，按折干率55%计算产量；玉米每点连续取20m，计算亩穗数和穗粒数；折合亩产花生355.6kg+玉米574.3kg。

验收组在课题组初测的基础上随机抽样复测3个点，折合平均亩产花生372.1kg+玉米565.8kg，花生产量与初测产量相差4.64%，玉米产量与初测产量相差1.48%。根据山东省农业农村厅花生、玉米测产验收有关规定，验收组承认课题组初测结果有效。

组　长：

副组长：

2019年9月6日

图3-26　2019年山东莒南测产验收报告

四、领导专家和项目人员考察指导

在进行花生单粒精播超高产项目中，有关领导、专家和项目人员，都积极参与了项目总结和实施会。项目人员在施肥、耕地、播种、管理等环节，亲自到试验点指导，并请有关领导和专家在花生苗期、饱果期和后期进行考察指导等工作。项目领导、专家和花生单粒精播超高产创建团队多次亲赴和深入试验点进行考察和研究，为项目的顺利进行和圆满完成提供了有力保证（图3-27至图3-32）。

图3-27　推广与示范田

图3-28　考察指导花生苗期管理

图3-29　2018年7月26日，院士、专家在山东莒南考察指导花生单粒精播超高产田

图3-30　在平度古岘考察指导

图3-31　在新疆考察指导

图3-32　花生单粒精播超高产创建团队

参考文献

REFERENCES

梁晓艳，郭峰，张佳蕾，等，2015. 单粒精播对花生冠层微环境、光合特性及产量的影响[J]. 应用生态学报，26（12）：3 700-3 706.

梁晓艳，郭峰，张佳蕾，等，2016. 不同密度单粒精播对花生养分吸收及分配的影响[J]. 中国生态农业学报，24（7）：893-901.

山东省花生研究所，2003. 中国花生栽培学[M]. 上海：上海科学技术出版社.

万书波，2009. 花生优质安全增效栽培理论与技术[M]. 北京：中国农业科学技术出版社.

万书波，2009. 山东花生六十年[M]. 北京：中国农业科学技术出版社.

王才斌，万书波，2009. 麦油两熟制花生高产栽培理论与技术[M]. 北京：科学出版社.

王才斌，万书波，2011. 花生生理生态学[M]. 北京：中国农业出版社.

张佳蕾，郭峰，李德文，等，2018. “三防三促”调控技术对高产花生农艺性状和产量的影响[J]. 中国油料作物学报，40（6）：828-834.

张佳蕾，郭峰，李新国，等，2018. 不同时期喷施多效唑对花生生理特性、产量和品质的影响[J]. 应用生态学报，29（3）：874-882.

张佳蕾，郭峰，苗昊翠，等，2018. 单粒精播对高产花生株间竞争缓解效应研究[J]. 花生学报，47（2）：52-58.

张佳蕾，郭峰，杨佃卿，等，2015. 单粒精播对超高产花生群体结构和产量的影响[J]. 中国农业科学，48（18）：3 757-3 766.